液压与气动技术项目化教程

主 编 毛小平 李爱冉 张友刚

重庆大学出版社

内容提要

本书是结合现代企业技术发展需要编写的机电类专业教学用书。全书共 9 个项目，主要内容包括液压系统基础知识、液压动力元件的应用、液压执行元件及辅助元件的应用、方向控制回路的应用、压力控制回路的应用、速度控制回路的应用、多缸动作回路的应用、液压系统的分析与组建、气压传动技术的应用。每个项目均由项目引入、项目分析、相关知识、课后习题和实践训练构成，并配有参考文献和附录。本书全面系统地介绍了常用液压、气动元件以及相关回路的分析、应用与搭建，让学习者一看就懂，一学就会。

本书可作为高等职业技术院校、成人教育学院等大中专层次装备制造类专业的教学用书，也可作为相关工程技术人员的参考用书。

图书在版编目（CIP）数据

液压与气动技术项目化教程 / 毛小平，李爱冉，张
友刚主编. -- 重庆：重庆大学出版社，2024.1
高职高专机械系列教材
ISBN 978-7-5689-4271-3

Ⅰ. ①液… Ⅱ. ①毛… ②李… ③张… Ⅲ. ①液压传
动—高等职业教育—教材②气压传动—高等职业教育—教
材 Ⅳ. ①TH137②TH138

中国国家版本馆 CIP 数据核字（2023）第 234577 号

液压与气动技术项目化教程

主 编 毛小平 李爱冉 张友刚
策划编辑：苟荟羽 杨粮菊
责任编辑：陈 力 版式设计：苟荟羽
责任校对：王 倩 责任印制：张 策

*

重庆大学出版社出版发行
出版人：陈晓阳
社址：重庆市沙坪坝区大学城西路 21 号
邮编：401331
电话：（023）88617190 88617185（中小学）
传真：（023）88617186 88617166
网址：http://www.cqup.com.cn
邮箱：fxk@ cqup.com.cn（营销中心）
全国新华书店经销
重庆长虹印务有限公司印刷

*

开本：787mm×1092mm 1/16 印张：12.5 字数：315 千
2024 年 1 月第 1 版 2024 年 1 月第 1 次印刷
印数：1—2 000
ISBN 978-7-5689-4271-3 定价：39.00 元

前 言

液压与气动技术是装备制造类专业的一门重要专业技术课,具有技术性强、实践性强等特点。本书以培养高素质技术技能型人才为目标,以"必需""够用"为原则,注重理论与实践相结合。

本书具有以下特点:

1. 本书注重将理论讲授与实践训练相结合,实用性强,重在培养应用型技能。

2. 本书在内容选取上,对后续课程联系不大的理论推导进行了较为合理的简化,在流体基础知识部分对计算公式进行了简化,只给出定性或定量的结论。本书介绍了 FluidSIM 软件应用,便于学习者在无硬件实训环境下进行仿真实训。

3. 本书共 9 个项目,每个项目通过项目引入、项目分析及近年来的典型案例,进入主要内容的学习,以培养学生综合运用所学知识分析问题和解决问题的能力,通过项目实训锻炼学生的动手能力。

4. 本书在每个项目前都有本项目知识框架,每个项目后有课后练习题、实训考核表,为学习者提供便利。

5. 本书内容融入当今主流 PLC 技术,注重引入行业发展的新知识及新技术,结合职业学生特点,采用图文并茂、理实一体化新型活页式教材,体现教学改革精神。

本书由重庆安全技术职业学院毛小平、李爱冉、张友刚担任主编。其中,毛小平编写项目1—项目4,李爱冉编写项目5—项目7,张友刚编写项目8—项目9。同时,对在本书编写中给予支持和帮助的有关同志表示感谢。

本书在编写过程中,编者查阅了大量有关液压与气动技术的资料,在此,对这些资料的作者表示衷心感谢。

由于编者水平有限,书中不尽人意之处在所难免,恳请广大读者批评指正。

编 者
2023 年 6 月

目 录

项目 **1**
液压系统基础知识

 **项目描述**

本项目以吊车起重机为例引入液压传动含义、液压传动工作原理、液压传动的组成、液压传动优缺点及应用,学习者通过学习可了解液压传动技术的应用、优缺点,掌握液压传动系统工作原理、组成及各组成部分的作用。

 项目知识框架

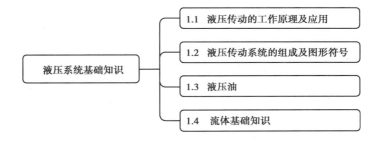

液压系统基础知识
- 1.1 液压传动的工作原理及应用
- 1.2 液压传动系统的组成及图形符号
- 1.3 液压油
- 1.4 流体基础知识

 项目引入

如图 1.1 所示为吊车起重机,它由液压传动系统控制起重臂完成吊装工作。类似的工程设备中都使用了液压传动系统。

图 1.1 吊车起重机

1

项目分析

1. 什么是液压传动系统？
2. 液压传动系统是如何带动起重臂工作的？
3. 一个液压传动系统由哪些部分组成才能正常工作？
4. 如何表达液压系统图才易理解、易绘制呢？

相关知识

1.1 液压传动的工作原理及应用

1.1.1 液压传动的含义

液压传动是以液压油为工作介质，通过液压泵以很高的压力传送到设备中的执行机构。液压泵由发动机或者电动马达驱动。通过操纵各种液压控制阀控制液压油以获得所需的压力、流量或者运动方向。各液压元件则通过液压管道相连接。

1.1.2 液压传动的工作原理

下面以液压千斤顶为例说明液压传动的工作原理。如图 1.2(a)所示有大小两个液压缸 11 和 2，内部分别装有大小两个活塞，活塞和缸体之间保持良好的配合关系，不仅活塞能在缸内滑动，配合面之间还能实现可靠的密封。当用手向上提起杠杆 1 时，小活塞就被带动上升，于是小缸 2 的下腔密封容积增大，腔内压力下降，形成部分真空，这时钢球 3 将所在的通路关闭，油箱 5 中的油液就在大气压的作用下推开钢球 4 沿吸油孔道进入小缸的下腔，完成一次吸油动作。接着，压下杠杆 1，小活塞下移，小缸下腔的密封容积减小，腔内压力升高，这时钢球 4 自动关闭油液流回油池的通路，小缸下腔的压力油推开钢球 3 挤入大缸 11 的下腔，推动大活塞将重物 12(G 为重力)向上顶起一段距离。如此反复地提压杠杆 1，就可以使重物不断升起，达到起重的目的。若将放油阀 8 阀口打开，则在物体的自重作用下，大缸中的油液流回油箱，活塞下降到原位。由此可知，液压千斤顶是一个简单的液压传动装置。分析液压千斤顶的工作过程，可知液压传动是依靠液体在密封容积变化中的压力能实现运动和动力传递的。液压传动装置本质上是一种能量转换装置，它先将机械能转换为便于输送的液压能，而后又将液压能转换为机械能做功。

1.1.3 液压传动的优缺点

(1)优点

①液压传动装置的质量小、结构紧凑、惯性小。液压马达的体积和质量只有同等功率电动机的 12% ~ 16%。

②液压传动是油管连接，可以方便灵活地布置传动机构，比机械传动优越。

③大范围内实现无级调速。借助阀或变量泵、变量马达，可以实现无级调速，并可在液压

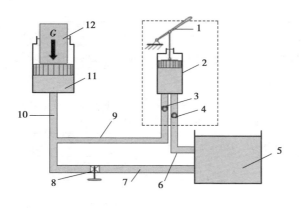

（a）液压千斤顶工作原理图　　　　　　（b）液压千斤顶实物图

图 1.2　液压千斤顶工作原理图及实物

1—手柄；2—泵缸；3—排油单向阀；4—吸油单向阀；5—油箱；
6,7,9,10—管；8—截止阀；11—液压缸；12—重物

装置运行的过程中进行调速。

④传递运动均匀平稳，负载变化时速度较稳定。

⑤液压装置易于实现过载保护，借助设置溢流阀等，液压件能自行润滑，使用寿命长。

⑥液压传动容易实现自动化，借助各种控制阀，特别是采用液压控制和电气控制结合使用时，能很容易地实现复杂的自动工作循环，而且可以实现遥控。

⑦液压元件实现了标准化、系列化和通用化，便于设计、制造和推广使用。

⑧液压传动实现直线运动比用机械传动实现更简单。

（2）缺点

①液压传动不能保证严格的传动比。液压系统中的漏油、液压油的可压缩性等因素，会影响运动的平稳性和正确性。

②不宜在温度变化很大的环境条件下工作。液压传动对油温的变化比较敏感，温度变化时，液体黏性发生变化，引起运动特性的变化，使得工作的稳定性受到影响。

③为了减少泄漏，以及为了满足某些性能上的要求，液压元件的配合件制造精度要求较高，加工工艺较复杂。

④液压传动要求有单独的能源，不像电源那样使用方便。

⑤液压系统出现故障时不易检查。

1.1.4　液压传动技术的应用

液压传动具有很多优点，使得液压技术在各种工业中的应用越来越广泛，如工程机械、农业机械、机床、冶金、塑机等行业。表 1.1 为液压传动在各行业中的应用实例。

表 1.1　液压传动在各行业中的应用实例

应用行业	应用实例
冶金机械	大型步进式加热炉炉门升降驱动液压系统、炼钢厂 KR 脱硫液压系统、5 000 kV·A 电炉液压系统

续表

应用行业	应用实例
农业机械	玉米去雄机、联合收割机及青储饲料切割机、林木球果采摘机械、饲料压块机
航空领域	飞机起落架、无人机起飞弹射、飞机场电梯
车辆与 工程行业	集装箱自动导引车、履带式滑移装载机、散装物料自卸半挂车、钻孔挖掘多用机、履带式潜孔锤钻机、清雪车、挖掘机、起重机、推土机、铲运机
机床行业	数控机床、自动翻转机、铣床、压力机、组合机床
建筑机械	塔吊、平地机
智能机械	机器人、模拟驾驶舱等

1.2 液压传动系统的组成及图形符号

1.2.1 液压传动系统的组成

如图 1.3(a)所示为磨床工作台液压系统图,其工作原理为:在如图 1.3(a)所示位置,液压泵 3 由电动机带动旋转后,从油箱 1 中吸油,油液经过滤器 2 进入液压泵 3,并经节流阀 5、换向阀 6 进入液压缸 7 的左腔,液压缸 7 右腔的油液经换向阀 6 流回油箱,液压缸活塞在压力油作用下驱动工作台 8 右移。反之,通过换向阀 6 换向,压力油进入液压缸 7 的右腔,液压缸 7 左腔的油液经换向阀 6 流回油箱,液压缸活塞在压力油的作用下驱动工作台 8 左移。

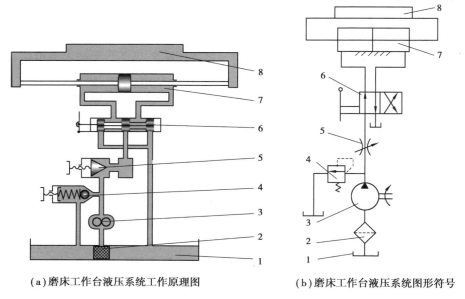

(a)磨床工作台液压系统工作原理图　　(b)磨床工作台液压系统图形符号

图 1.3 磨床工作台液压系统

1—油箱;2—过滤器;3—液压泵;4—溢流阀;5—节流阀;6—换向阀;7—液压缸;8—工作台

根据以上分析可知,液压传动是以液压油作为工作介质,先通过动力元件(液压泵)将原动机(如电动机)输入的机械能转换为液体压力能,再经密封管道和控制元件等输送至执行元件(如液压缸),将液体压力能又转换为机械能以驱动工作部件。

液压传动系统由以下5个主要部分组成:

①动力元件。动力元件是指将原动机输入的机械能转换为液体压力能的装置,其作用是为液压系统提供压力油,是系统的动力源。

②控制调节元件。控制调节元件是指用来控制液压传动系统中油液的压力、流量和流动方向的装置。

③执行元件。执行元件是指将液体压力能转换为机械能的装置,其作用是在压力油的推动下输出力和速度(或转矩和转速),以驱动工作部件。

④辅助元件。上述3个部分以外的其他装置分别起储油、输油、过滤和测量压力等作用,如油箱、油管、过滤器和压力表等。

⑤液压油。液压油是指在液压系统中传递能量的工作介质。

1.2.2 液压传动系统的图形符号

液压传动系统的工作原理图有两种表达形式:图1.3(a)所示的液压系统图是一种半结构式的工作原理图。它直观性强,容易理解,但难于绘制。在实际工作中,除少数特殊情况外,一般都采用液压图形符号如图1.3(b)所示来绘制,这种图形简单明了,易于绘制和交流。详细的液压元件图形符号见附录。

1.3 液压油

1.3.1 液压油的作用

①传递运动与动力。将泵的机械能转换成油液的压力能并传至液压系统。

②润滑。液压元件受到液压油充分润滑,降低元件磨损。

③密封。油本身的黏性对细小的间隙有密封作用。

④冷却。系统损失的能量会变成热量,被油带出。

1.3.2 液压油的密度

液体单位体积内的质量称为密度,通常用"ρ"表示。

$$\rho = \frac{m}{v} \tag{1.1}$$

式中 ρ——流体密度,kg/m³;

   m——液体的质量,kg;

   v——液体的体积,m³。

液体的密度随温度的升高略有减小,随着工作压力的升高略有增加。一般情况下,随压力和温度引起的变化都比较小,可忽略不计,可将其近似地视为常数。

1.3.3 液压油的黏性

液体在外力作用下流动(或有流动趋势)时,由液体分子间的内聚力而产生一种阻碍液体分子之间进行相对运动的内摩擦力,液体的这种产生内摩擦力的性质称为液体的黏性。由于液体具有黏性,因此当流体发生剪切变形时,流体内就产生阻滞变形的内摩擦力。由此可知,黏性表征了流体抵抗剪切变形的能力。处于相对静止状态的流体中不存在剪切变形,也不存在变形的抵抗,只有当运动流体流层间发生相对运动时,流体对剪切变形的抵抗,也就是黏性才表现出来。黏性所起的作用为阻滞流体内部的相互滑动,在任何情况下,它都只能延缓滑动的过程而不能消除这种滑动。

黏性的大小可用黏度来衡量,黏度是选择液压用流体的主要指标,是影响流动流体的重要物理性质。

1.3.4 液压油的可压缩性

当液体受压力作用而使体积变小的特性称为液体的可压缩性。一般中、低压液压系统,其液体的可压缩性很小,可以认为液体是不可压缩的。而在压力变化很大的高压系统中,就需要考虑液体可压缩性的影响。当液体中混入空气时,其可压缩性将显著增加,并将严重影响液压系统的工作性能。在液压系统中,应使油液中的空气含量减少到最低限度。

1.4 流体基础知识

1.4.1 压力

(1)压力的含义

静压力是指液体处于静止状态时,单位面积上所受的内法线方向的法向作用力。静压力在液压传动中简称压力,在物理学中则称为压强。

(2)压力的表示法

压力有绝对压力和相对压力两种表示方法。以绝对真空为基准的压力为绝对压力;以大气压(Pa)为基准的压力为相对压力。大多数测量压力的仪表都受大气压的作用,仪表指示的压力都是相对压力,也称表压力。在液压传动中,如不特别说明,压力均指表压力。

如果液体中某点处的绝对压力小于大气压力(Pa),那么,比大气压小的那部分数值称为该点的真空度。如图1.4所示,以大气压为基准计算压力值时,基准以上的正值是表压力,基准以下的负值就是真空度。大气压力、绝对压力、相对压力、真空度的关系为

$$绝对压力 = 大气压力 + 相对压力 = 大气压力 - 真空度$$

压力在国际单位制中单位为 Pa(帕),1 Pa = 1 N/m²,工程上常使用 kPa,MPa,三者换算关系为 1 MPa = 10^3 kPa = 10^6 Pa。工程单位制使用的单位有 bar(巴)、at(工程大气压,即 kgf/cm²)、atm(标准大气压)、液体高度等,其换算关系为 1 bar ≈ 1.02 kgf/cm² = 10^2 kPa = 1.01972 at = 0.986 923 atm = 0.1 MPa。

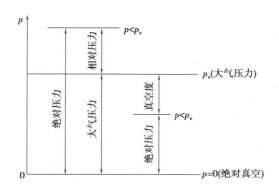

图1.4 绝对压力、大气压力、相对压力、真空度的关系

（3）液体静压力特性

①液体静压力垂直于作用面，其方向和该面的内法向线方向一致，这是因为液体只能受压，不能受拉。

②静止液体中任何一点受到各个方向的压力都相等。若液体中某点受到的压力不同，那么液体就要运动，这就破坏了静止的条件。

③在密封容器中的液体，当一处受到压力作用时，这个压力会等值地传到液体的各个部分，且压力处处相等。这就是静压传递原理也称为帕斯卡原理。

④在液压和气压传动中，系统的工作压力取决于外负载，而与流入的流体多少无关。

1.4.2 流量和平均流速

单位时间内流体流过截面积为 A 的某一截面的体积，称为流量。用 Q 表示，单位为 m^3/s 或 L/min。

假想在通流截面上流速是均匀分布的，则流量 Q 等于平均流速 V 乘以通流截面面积 A，即

$$Q = VA \tag{1.2}$$

由式（1.2）可知，当液压缸的有效工作面积 A 一定时，活塞运动速度 V 取决于输入液压缸的流量 Q。这说明了活塞的运动速度取决于进入液压缸（或气缸）的流量，而与流体的压力大小无关。但在气压传动系统中，由于空气具有很强的可压缩性，所以气缸活塞的运动速度并不能完全按照式（1.2）进行计算。

1.4.3 液压冲击

在液压系统中，常常由于某些原因而使液体压力突然急剧上升，形成很高的压力峰值，这种现象称为"液压冲击"。

（1）液压冲击产生的原因

在阀门突然关闭或液压缸快速制动等情况下，液体在系统中的流动会突然受阻。这时，由于液流的惯性作用，液体就从受阻端开始，迅速将动能逐层转换为压力能，产生压力冲击波；此后，又从另一端开始，将压力能逐层转化为动能，液体又反向流动；然后，再次将动能转换为压力能，如此反复地进行能量转换。这种压力波的迅速往复传播，在系统内形成压力振荡。实际上，液体受到摩擦力以及液体和管壁的弹性作用，不断消耗能量才使振荡过程逐渐

衰减而趋向稳定。

(2) 液压冲击的危害

系统中出现液压冲击时,液体瞬时压力峰值可以比正常工作压力大好几倍。液压冲击会损坏密封装置、管道或液压元件,还会引起设备振动,产生很大噪声。有时,液压冲击使某些液压元件如压力继电器、顺序阀等产生误动作,影响系统正常工作。

(3) 减小液压冲击的主要措施

①延长阀门关闭和运动部件制动换向的时间。实践证明,运动部件制动换向时间若能大于 $0.2\ s$,冲击就大为减轻。在液压系统中采用换向时间可调的换向阀就可做到这一点。

②限制管道流速及运动部件速度。例如,在机床液压系统中,通常将管道流速限制在 $4.5\ m/s$ 以下,液压缸所驱动的运动部件速度一般不宜超过 $10\ m/min$ 等。

③适当加大管道直径,尽量缩短管路长度。必要时还可在冲击区附近安装蓄能器等缓冲装置来达到此目的。

④采用软管,以增加系统的弹性。

1.4.4　气穴

在流动的液体中,液压油中总是含有一定量的空气。空气可以溶解在液压油中,有时也以气泡的形式混合在液压油中。如果液压系统某处的压力低于空气分离压,原先溶解在液体中的空气就会分离出来,从而导致液体中出现大量的气泡,这种现象称为气穴现象。如果液体中的压力进一步降低到饱和蒸气压力,液体将迅速汽化,产生大量蒸气泡,使气穴现象更加严重。

液压系统中出现气穴现象时,大量的气泡破坏了液流的连续性,造成流量和压力脉动,气泡随液流进入高压区时又急剧破灭,引起局部液压冲击,发出噪声并引起振动,当附着在金属表面上的气泡破灭时,所产生的局部高温和高压会使金属剥蚀,这种由气穴造成的腐蚀作用称为"气蚀"。

为减少气穴和气蚀的危害,通常采取下列措施:

①减小小孔或缝隙前后的压力降。

②降低泵的吸油高度,适当加大吸油管内径,限制吸油管流速,尽量减少吸油管路中的压力损失(如及时清洗过滤器)。

③提高液压零件的抗气蚀能力,采用抗腐蚀能力强的金属材料。

 **课后练习题**

一、选择题

1.1　液压系统中的辅助元件为(　　　)。

　A. 液压泵　　　　　B. 液压马达　　　　　C. 油管　　　　　D. 液压阀

1.2　溢流阀属于(　　　)。

　A. 动力元件　　　　B. 控制元件　　　　　C. 执行元件　　　　D. 辅助元件

1.3　可将机械能转化为液体压力能的元件是(　　　)。

　A. 液压泵　　　　　B. 液压缸　　　　　　C. 液压马达　　　　D. 油箱

二、问答题

1.4 液压系统通常由哪些部分组成？各部分的主要作用是什么？

1.5 液压系统中压力的含义是什么？压力有哪几种表示方法？压力的单位是什么？

1.6 液压系统中压力是怎样形成的？压力的大小取决于什么？

1.7 液压冲击产生的原因和危害是什么？如何减小压力冲击？

1.8 常见液压千斤顶的应用有哪些？

1.9 压力的大小取决于什么？而流量的大小决定了执行元件的什么？

 实战训练

实训 车用立式液压千斤顶的操作

(1)实训目的

学生通过分组练习来操作液压千斤顶(图1.5)，熟悉液压千斤顶的结构，掌握其工作原理。

活塞杆 手柄套管 手柄 放油阀

图1.5 液压千斤顶实物图

(2)实训元件

车用立式液压千斤顶1台。

(3)操作步骤

①用手柄的开槽端，顺时针方向旋紧放油阀。

②用前估计起重物体的质量，切忌超载使用，选择着力点，正确放置于起升部位下方。

③将千斤顶手柄插入手柄套管中，上下摇动手柄使活塞杆平稳上升，起升重物至理想高度。

④卸下手柄，缓慢地逆时针方向转动手柄，放松放油阀。如有载荷时，手柄转动不能太快，且放油阀松开一圈为宜。

(4)注意事项

①操作时，基础应稳固牢靠。

②载荷应与千斤顶轴线保持一致。

③液压千斤顶不能倒置使用。

(5) 实训考核表

表 1.2　实训考核表

班级		姓名		组别		日期	
实训名称							
任务要求	1.正确分析液压千斤顶的结构						
	2.能按操作步骤正确操作液压千斤顶						
	3.会分析液压千斤顶的工作原理						
	4.遵守安全操作规程,正确使用工具						
思考题	1.通过实训观察说出液压千斤顶的组成部分						
	2.通过实训观察分析千斤顶的工作原理						
考核评价	序号	考核内容		分值	评分标准		得分
	1	按操作步骤规范使用液压千斤顶		20	操作规范,操作正确		
	2	能正确回答思考题		30	回答问题正确		
	3	安全文明操作		20	遵守安全操作规范,无事故发生		
	4	团队协作		20	与他人合作有效		
	5	"7S"素养		10	实训平台干净整洁、元件分类摆放		
	总分						

项目 **2**
液压动力元件的应用

 项目描述

　　液压泵被喻为液压系统的"心脏",为液压系统提供动力,其性能对系统的正常运行有关键作用。在液压传动系统中,液压泵作为动力元件,将原动机输出的机械能转换为工作液体的压力能。通过本项目的学习,学习者需熟悉齿轮泵、叶片泵、柱塞泵的结构特点和工作原理,掌握其应用特点及选用方法。

 项目知识框架

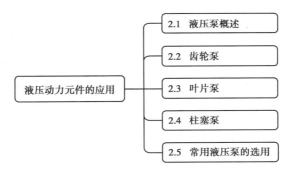

 项目引入

　　如图 2.1 所示为汽车修理场景图,汽车的升降是由液压缸带动升降台上下运动实现的。那么液压缸带动升降台上下运动的动力来源于哪些元件? 这些元件是如何工作的? 如何选择这些元件? 这些问题都需要通过本任务来完成。

 项目分析

　　要使液压缸带动升降台克服汽车的重力向上运动,需要输入液压缸的压力油的压力足够大。向液压缸供压力油的元件称为泵,在液压系统中起着向系统提供动力源的作用,是系统不可缺少的核心元件。

图 2.1　汽车修理场景图

相关知识

2.1　液压泵概述

液压泵(图 2.2)是液压系统的动力元件,将原动机输入的机械能转换为压力能输出,是一种能量转换装置,能将原动机提供的机械能转换为液压能。液压泵也是液压系统中的能源装置,为液压系统输送足够量的压力油,推动执行元件对外做功,被称为"液压系统的心脏"。

2.1.1　液压泵的工作原理

液压泵的工作原理如图 2.2 所示,柱塞装在缸体 3 中形成一个密封容积腔,在弹簧作用下柱塞始终压紧在偏心轮上。原动机驱动偏心轮旋转使柱塞做往复运动,从而使密封容积的大小发生周期性的交替变化。当密封容积由小变大时就形成部分真空,使油箱中的油液在大气压作用下,经单向阀 6 进入密封容积腔而实现吸油;当密封容积由大变小时,密封容积腔中的油液将顶开单向阀 5 流入系统而实现压油。这样原动机驱动偏心轮不断旋转,液压泵不断地吸油和压油,将机械能转换为液体的压力能。

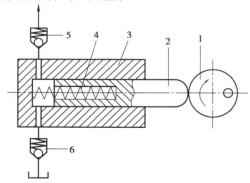

图 2.2　单柱塞泵工作原理结构图
1—偏心轮;2—柱塞;3—缸体;4—弹簧;5—压油单向阀;6—吸油单向阀

上述单个柱塞泵工作原理也适合各种容积式液压泵,实现吸、压油条件如下:

①必须有若干个密封且可周期性变化的容积空间。液压泵的理论输出流量与此空间的容积变化量及单位时间内变化次数成正比,和其他因素无关。

②油箱内的液体绝对压力恒等于或大于大气压力,为了能吸油,油箱必须与大气相通或采用充气油箱。

③吸油和压油腔必须隔开,要有合适的配流装置,目的是保证液压泵有规律连续吸油、排油。液压泵结构原理不同,其配流装置也不同。

2.1.2　液压泵的分类及图形符号

常用的容积式液压泵的分类方式有多种。按其结构不同,液压泵可分为齿轮泵、叶片泵、柱塞泵和螺杆泵;按其压力不同,可分为低压泵(≤2.5 MPa)、中压泵(2.5 ~ 8 MPa)、中高压泵(8 ~ 16 MPa)、高压泵(16 ~ 32 MPa)和超高压泵(>32 MPa);按其输出流量能否调节,可分为定量泵和变量泵。常用容积式液压泵的图形符号如图 2.3 所示。

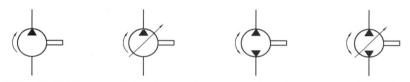

(a)单向定量液压泵　　(b)单向变量液压泵　　(c)双向定量液压泵　　(d)双向变量液压泵

图 2.3　常用容积式液压泵图形符号

2.1.3　选用液压泵的相关参数

(1)压力(单位为 MPa)

①工作压力 p。泵在实际工作时的输出压力(与外负载和压力损失有关)。

②额定压力 p_n。在正常工作条件下,保证泵能长时间运转的最高压力。在液压泵铭牌上会标出此压力,超出此值即为过载。

③最高允许压力 p_{max}。允许泵在短时间内超过额定压力运转时的最高压力。超出此压力,泄漏会迅速增加。

(2)排量(单位为 mL/r)和流量(单位为 L/min)

①排量 V。泵每旋转一周所能排出的液体体积。排量可调节的液压泵称为变量泵;排量为常数的液压泵称为定量泵。

②理论流量 q_i。不考虑泄漏的情况下,液压泵在单位时间内排出的液体体积。

如果液压泵的排量为 V,转速为 n(单位为 r/s),则理论流量 q_i 为

$$q_i = V_N \tag{2.1}$$

③实际流量 q。泵在实际工作时的流量为理论流量 q_i 乘以容积效率 η_v 或理论流量 q_i 减去泄漏量 Δq,即

$$q = q_i \eta_v = q_i - \Delta q \tag{2.2}$$

④额定流量 q_n。正常工作条件下,保证泵长时间运转所能输出的最大流量。

(3)效率 η

电动机输入转矩和转速带动液压泵,液压泵的输出量为压力和流量,在机械能转换为压

力能的过程中,液压泵的功率损失由容积损失和机械损失两个部分组成。

①容积损失是指液压泵在流量上的损失。油液的压缩、泄漏等原因导致油液不能充满密封工作腔,使得液压泵的实际输出流量总是小于理论流量,液压泵的容积损失用容积效率 η_v 来表示,它等于实际输出流量 q 与理论流量 q_i 之比,即

$$\eta_v = \frac{q}{q_i} = \frac{q_i - \Delta q}{q_i} = 1 - \frac{\Delta q}{q_i} \tag{2.3}$$

②机械损失是指液压泵在转矩上的损失。机械摩擦、液体黏性等原因使得液压泵的实际输入转矩 T 总是大于理论上所需要的转矩 T_i,液压泵的机械损失用机械效率 η_m 表示,它等于理论转矩 T_i 与实际输入转矩 T 之比,设转矩损失为 ΔT,则液压泵的机械效率为

$$\eta_m = \frac{T_i}{T} = \frac{1}{1 + \frac{\Delta T}{T_i}} \tag{2.4}$$

③总效率为容积效率与机械效率的乘积,即

$$\eta = \eta_v \eta_m \tag{2.5}$$

(4)功率(单位为 kW)

①输入功率 P_i 是指作用在液压泵主轴上的机械功率。当输入转矩为 T(单位为 N·m),角速度为 ω(单位为 rad/s)时,输入功率为

$$P_i = T\omega = 2\pi Tn \tag{2.6}$$

②输出功率 P 为液压泵在工作过程中吸油口与压油口间的压差 Δp 和输出流量 q 的乘积除以 60,即

$$P = \frac{\Delta pq}{60} = p_i \eta \tag{2.7}$$

[例2.1]　某液压泵的排量为 10 mL/r,工作压力为 10 MPa,转速为 1 500 r/min,泄漏量为 1.2 L/min,机械效率为 0.9,求泵的容积效率和总效率、输入和输出功率。

解:理论流量为:$q_i = V_N = 10 \times 1\ 500/1\ 000 = 15$(L/min)

实际流量为:$q = q_i - \Delta q = 15 - 1.2 = 13.8$(L/min)

容积效率为:$\eta_v = q/q_i = 13.8/15 = 0.92$

总效率为:$\eta = \eta_v \times \eta_m = 0.92 \times 0.9 = 0.828$

输出功率为:$P_i = \Delta pq/60 = 10 \times 13.8/60 = 2.3$(kW)

输入功率为:$P_i = P/\eta = 2.3/0.828 = 2.78$(kW)

2.2　齿　轮　泵

齿轮泵是一种在液压系统中被广泛应用的液压泵,其结构简单,价格便宜,按结构不同可分为外啮合齿轮泵,[图2.4(a)],内啮合齿轮泵[图2.4(b)]两种。

（a）外啮合齿轮泵外形图

（b）内啮合摆线齿轮泵外形图

图 2.4 齿轮泵外形图

2.2.1 外啮合齿轮泵结构及工作原理

常用的外啮合齿轮泵由左右泵盖和泵体三片式结构组成，如图 2.5（a）所示，泵体内装有一对齿数相同、宽度和泵体接近而又互相啮合的齿轮，这对齿轮与前、后泵盖和泵体形成许多密封容积腔，并在两齿轮啮合处将密封腔划分为吸油腔和压油腔两部分。

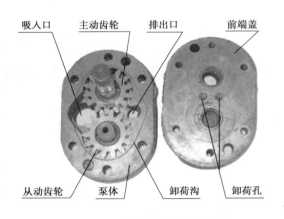
（a）外啮合齿轮泵结构图

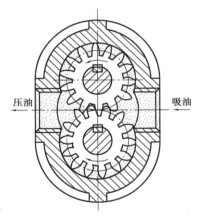
（b）外啮合齿轮泵工作原理图

图 2.5 外啮合齿轮泵结构和工作原理

其工作原理如图 2.5（b）所示，当电动机带动与其相连的主动齿轮逆时针转动、主动齿轮带动从动齿轮顺时针转动，齿轮泵右侧的齿轮脱开啮合，齿轮的轮齿退出齿间，使密封容积增大，形成局部真空，油箱中的油液在外界大气压的作用下，经吸油管路、吸油腔进入齿间。随着齿轮的旋转，吸入齿间的油液被带到右侧，进入压油腔。这时左侧轮齿进入啮合，使密封容积逐渐减小，油液便被挤出。当齿轮连续旋转时，就连续不断地有轮齿在右侧退出啮合和在左侧进入啮合，齿轮泵就能实现连续吸油和排油。

2.2.2　外啮合齿轮泵在结构上存在的几个问题及解决办法

（1）困油现象

困油现象是指齿轮泵要平稳工作,齿轮啮合的重叠系数必须大于1,所有总有两对轮齿同时啮合,就会有一部分油液被围困在两对轮齿所形成的封闭空腔之间,如图2.6(a)所示。这个封闭的容积随着齿轮的转动在不断地发生变化。封闭容腔由大变小时,如图2.6(b)所示被封闭的油液受挤压并从缝隙中挤出而产生很高的压力,油液发热,并使轴承受到额外负载;而封闭容腔由小变大,如图2.6(c)所示会造成局部真空,使溶解在油中的气体分离出来,产生气穴现象。这些都将使泵产生强烈的振动和噪声。

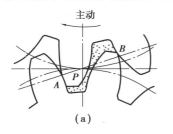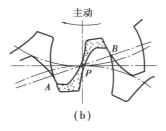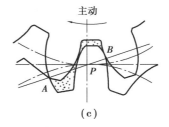

图2.6　齿轮油泵的困油现象

解决办法是常在齿轮泵啮合部位侧面的泵盖上开卸荷槽,如图2.7所示,使密闭腔在其容积由大变小时,通过卸荷槽与压油腔相连通,避免了压力急剧上升;密闭腔在其容积由小变大时,通过卸荷槽与吸油腔相连通,避免形成真空。两个卸荷槽间必须保持合适的距离,以便吸、压油腔在任何时候都不连通,避免增大泵的泄漏量。

图2.7　齿轮油泵两侧泵盖上开设的卸荷槽

（2）径向不平衡力

齿轮泵工作时,作用在齿轮外圆上的压力是不均匀的,如图2.8所示。在压油腔和吸油腔,齿轮外圆分别承受着系统工作压力和吸油压力;在齿轮齿顶圆与泵体内孔的径向间隙中,可以认为油液压力由高压腔压力逐级下降到吸油腔压力。这些液体压力综合作用的合力相当于给齿轮一个径向不平衡作用力,使齿轮和轴承受载。工作压力越大,径向不平衡力越大,严重时会造成齿顶与泵体接触,产生磨损。

解决办法是采取缩小压油口的办法(图2.9)来减小径向不平衡力,使高压油仅作用在一个到两个齿的范围内。

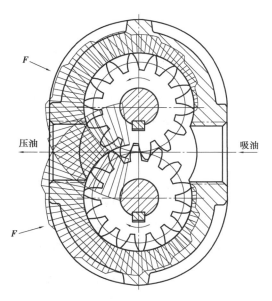

图 2.8   齿轮径向液压力分布   图 2.9   齿轮泵吸、压油口大小对比图

(3)泄漏

一般结构的齿轮泵泄漏较大,容积效率低,多制成低压齿轮泵。齿轮泵的泄漏主要有 3 个途径:一是通过齿轮啮合处的间隙;二是泵体内表面与齿顶圆间的径向间隙;三是通过齿轮两端面与两侧端盖间的端面轴向间隙。3 条路径中,端面轴向间隙的泄漏量最大,占总泄漏量的 70% ~ 80% 。普通齿轮泵的容积效率较低,输出压力不容易提高。要提高齿轮泵的压力,首要的问题是要减小端面轴向间隙。

解决办法是采用浮动轴套进行齿轮端面间隙自动补偿的原理。将泵的出口压力油引入齿轮轴上浮动轴外侧,在液体压力作用下,轴套紧贴齿轮的侧面,可以消除间隙并补偿齿轮侧面和减少轴套的磨损程度。

2.2.3   内啮合齿轮泵

如图 2.10 所示,电动机带动主动轮而主动轮带动从动轮作顺时针旋转,通过月牙板将吸油腔和压油腔隔开,在主动轮下方轮齿退出啮合使容积增大,形成局部真空而从油箱吸油,而在主动轮右侧,轮齿进入啮合而排油。

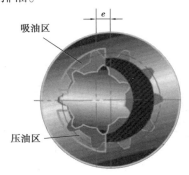

图 2.10   内啮合齿轮泵工作原理

17

2.3　叶片泵

叶片泵具有结构紧凑、运动平稳、噪声小、输送油量均匀、寿命长等优点,广泛应用于汽车液压动力转向系统、自动线中。叶片泵分为双作用叶片泵和单作用叶片泵。

2.3.1　双作用叶片泵

如图 2.11 所示为双作用叶片泵工作原理图,由定子 1、转子 2、叶片 3 等组成。定子内表面由两段长半径圆弧、两段短半径圆弧和四段过渡曲线 8 个部分组成,且定子和转子同心。其实物外形如图 2.12 所示。在转子顺时针方向旋转的情况下,密封工作腔在左上角和右下角处逐渐增大,为吸油区,在左下角和右上角处逐渐减小,为排油区,吸油区和排油区之间有一段封油区把它们隔开。这种泵的转子每转一转,每个密封工作腔完成吸油和排油动作各两次,称为双作用叶片泵。泵的两个吸油区和两个排油区是径向对称的,作用在转子的径向液压力平衡,也称为平衡式叶片泵,这类泵一般为定量泵。因轴承所受的力较小,故寿命长,自吸能力好,对油液污染较敏感,适用于中、高压液压系统中。

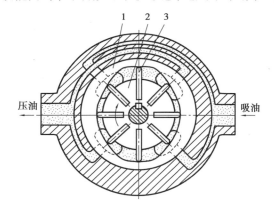

图 2.11　双作用叶片泵工作原理
1—定子;2—转子;3—叶片

图 2.12　双作用叶片泵实物外形

2.3.2　单作用叶片泵

如图 2.13 所示为单作用叶片泵工作原理图,如图 2.14 所示为单作用叶片泵实物外形图。单作用叶片泵由转子 1、定子 2、叶片 3 等组成。转子外表面和定子内表面都是圆柱面。转子的中心与定子的中心保持一个偏心距 e。在配油盘上开有吸油窗口和压油窗口。当转子按如图 2.13 所示方向转动时,右侧两相邻叶片、定子、转子及配油盘所组成的密闭容积增大,油液通过吸油窗口吸入;而左侧两相邻叶片,定子、转子及配油盘所组成的密闭容积减小,油液由压油窗口压送到压油管中去。改变偏心距 e 的大小,可以改变泵的流量。当 $e=0$ 即转子中心与定子中心重合时,泵的流量为零。转子转一周,吸、压油各一次。由于径向液压力只作用在转子表面的半周上,转子受不平衡的径向液压力,因此轴承将承受较大的负载,其寿命较短,不宜用于高压系统。由于单作用叶片泵的流量有脉动现象,泵内叶片数越多,流量脉动越小,且奇数叶片数流量脉动率比偶数叶片流量脉动率小,因此,单作用叶片泵的叶片数为奇数,一般为 13～15 片。

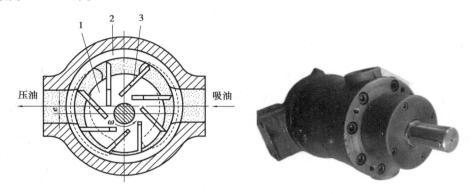

<table>
<tr><td>图 2.13　单作用叶片泵工作原理</td><td>图 2.14　单作用叶片泵实物外形</td></tr>
<tr><td>1—转子;2—定子;3—叶片</td><td></td></tr>
</table>

2.3.3　限压式变量叶片泵

如图 2.15 所示为限压式变量泵的工作原理图。该泵除了转子 1、定子 2、叶片及配油盘外,在定子的左边有限压弹簧及调节螺钉 10;在定子的右边有反馈缸,缸内有柱塞 4,缸的右端有调节螺钉 5。反馈缸通过控制油路 7 与泵的压油口相连通。调节螺钉 10 用以调节弹簧 9 的预紧力 F($F = kx_o$,k 为弹簧刚度,x_o 为弹簧的预压缩量),也就是调节泵的限定压力 p_B($p_B = kx_o/A$,A 为柱塞有效面积)。调节螺钉 9 用以调节反馈缸柱塞 6 左移的终点位置,也即调节定子与转子的最大偏心距 e_{max},调节最大偏心距也就是调节泵的最大流量。转子 1 的中心是固定的,定子 2 可以在左边弹簧力 F 和右边有反馈缸液压力 p_A 的作用下,左右移动而改变定子相对于转子的偏心量 e,即根据负载的变化自动调节泵的流量。如图 2.16 所示为限压式变量泵的实物外形图。

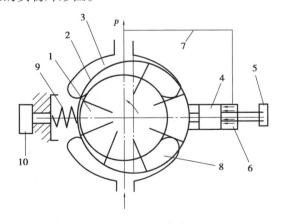

图 2.15　限压式变量泵的工作原理　　　　图 2.16　限压式变量泵的实物外形
1—转子;2—定子;3—压油窗口;4—柱塞;
5—流量调节螺钉;6—反馈缸柱塞;7—通道;
8—吸油窗口;9—调节弹簧;10—调节螺钉

2.4 柱塞泵

柱塞泵是一种靠柱塞在缸体中做往复运动,使密封容积发生变化来实现吸油与压油的液压泵。柱塞泵具有加工方便,配合精度高,密封性能好,压力高、效率高、结构紧凑、流量调节方便等优点。常用于需要高压、大流量、大功率的系统中和流量需要调节的场合,如龙门刨床、拉床、液压机、工程机械、矿山冶金机械、船舶等设备中应用广泛。

根据柱塞排列方式不同,柱塞泵可分为径向柱塞泵和轴向柱塞泵。径向柱塞泵径向尺寸大,结构较复杂,自吸能力差,配油轴受到径向不平衡液压力的作用,易于磨损,这些都限制了它的转速和压力的提高,很少采用。这里只介绍轴向柱塞泵。轴向柱塞泵的多个柱塞平行于缸体中心线并均布在缸体的圆周上,根据其结构形式和运动方式的不同分为直轴式(斜盘式)和斜轴式(摆缸式)两大类。以直轴式轴向柱塞泵为例介绍其结构和工作原理。

如图2.17所示为直轴式轴向柱塞泵工作原理图。这种泵主要由缸体1、配油盘2、柱塞3和斜盘4组成。柱塞沿圆周均匀分布在缸体内。斜盘与缸体轴线倾斜一角度 γ ,配油盘2和斜盘4固定不转,当传动轴带动缸体按图2.17所示方向转动时,在 $\pi \sim 2\pi$ 范围内,柱塞在弹簧的作用下向外伸出,则柱塞底部的密封工作容积增大,并通过配油盘上的吸油窗口吸油,而当柱塞转到 $0 \sim \pi$ 范围内时,柱塞被斜盘推入缸体,使得密封容积减小,此时通过配油盘上的压油窗口压油。缸体每转一周,每个柱塞各完成吸、压油一次。改变斜盘倾角 γ ,就能改变柱塞行程的长度,即改变了液压泵的排量。改变斜盘倾角方向,就能改变吸油和压油的方向。直轴式轴向柱塞泵为双向变量泵,如图2.18所示为其实物外形。

目前轴向柱塞泵最高压力可达40.0 MPa及以上,但其轴向尺寸较大,轴向作用力也较大,结构比较复杂,一般用于工程机械、锻压机械、起重机械、矿山机械、冶金机械、船舶、飞机等高压系统中。

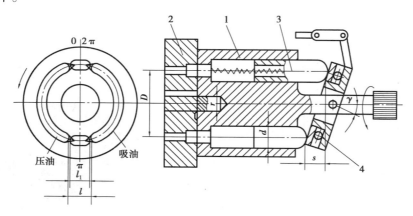

图2.17 直轴式轴向柱塞泵的工作原理

1—缸体;2—配油盘;3—柱塞;4—斜盘

图 2.18　直轴式轴向柱塞泵的实物外形

2.5　常用液压泵的选用

液压泵为液压系统提供一定流量和压力的液压油,是液压系统不可缺少的动力元件。合理选择液压泵,能有效降低液压系统的能耗及噪声,改善工作性能,提高液压系统效率,保证液压系统工作可靠性。

一般在工程机械、农业机械、航空、船舶等液压系统中采用齿轮泵,在机床、注塑机、液压机、起重运输机械、工程机械等液压系统中采用双作用叶片泵和限压式变量叶片泵,大功率、大负载的液压系统中选用柱塞泵。

常见液压泵的性能见表2.1。

表 2.1　常见液压泵的性能

性能	齿轮泵	双作用叶片泵	限压式变量叶片泵	径向柱塞泵	轴向柱塞泵
流量调节	不能	不能	能	能	能
工作压力/MPa	<20	6.3～21	≤7	20～35	10～20
总效率	0.60～0.85	0.75～0.85	0.7～0.85	0.75～0.92	0.85～0.95
自吸特性	好	较差	一般	差	差
对油的污染敏感性	不敏感	较敏感	较敏感	非常敏感	非常敏感
噪声	大	小	较大	大	大

 **课后练习题**

问答题

2.1　容积式液压泵工作时必须满足的基本条件是什么?

2.2　齿轮泵困油现象形成的条件是什么?有何危害?如何消除?

2.3　一般采用什么措施解决齿轮泵的径向力不平衡问题?

2.4　齿轮泵、单作用叶片泵、双作用叶片泵各有哪些特点?简述它们所适用的负载和环境。

2.5 双作用叶片泵有哪些结构特点？工作原理是什么？

2.6 外反馈单作用叶片泵的工作原理是什么？

2.7 轴向柱塞泵的工作原理是什么？如何变量？

 实战训练

实训　齿轮泵的拆装与结构分析

(1) 实训目的

学生通过小组合作拆装齿轮泵,如图2.19所示为外啮合齿轮泵结构图,观察其结构,分析并掌握其工作原理。

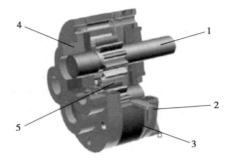

图2.19　外啮合齿轮泵结构图
1—传动轴；2—前端盖；3—泵体；4—后端盖；5—齿轮

(2) 实训元件

齿轮泵。

(3) 拆、装注意事项

①预先准备好拆卸工具。

②螺钉要对称松卸。

③拆卸时应注意做好记号。

④注意碰伤或损坏零件和轴承等。

⑤紧固件应借助专用工具拆卸,不得任意敲打。

(4) 拆装步骤

①切断电动机电源,并在电气控制箱上悬挂"设备检修,严禁合闸"的警告牌。

②关闭管路上吸、排截止阀。

③旋开排出口上的螺塞,将管系及泵内的油液放出,然后拆下吸、排管路。

④用内六角扳手将输出轴侧的端盖螺丝拧松(拧松之前端盖与本体的结合处作上记号)并取出螺丝。

⑤用螺丝刀轻轻沿端盖与本体的结合面处将端盖撬松,注意不要撬太深,以免划伤密封面。

⑥将端盖拆下,取出主、从动齿轮,并做好记号。

⑦用煤油将拆下的所有零部件进行清洗并放于容器内妥善保管,以备检查和测量。

⑧按乔卸的反向顺序进行安装,先部件后总装。

（5）实训考核表

表 2.2 实训考核表

班级		姓名		组别		日期	
实训名称							
任务要求	1. 正确选择拆装工具						
	2. 正确拆、装齿轮泵,认识各部分结构						
	3. 能正确分析齿轮泵的工作原理						
	4. 遵守安全操作规程,正确使用工具						
思考题	1. 外啮合齿轮泵自身的结构特性,使得泵在工作时径向力不平衡,对齿轮泵传动轴承和压力的升高均有影响,通过结构改进可以缓解这一问题,仔细观察齿轮泵相关部件,找出是如何改进的						
	2. 观察齿轮泵的结构,分析齿轮泵属于变量泵还是定量泵,单向泵还是双向泵						

考核评价	序号	考核内容	分值	评分标准	得分
	1	按操作步骤规范拆装齿轮泵	20	操作规范,操作正确	
	2	能正确回答思考题	20	回答问题正确	
	3	安全文明操作	20	遵守安全操作规范及制度	
	4	团队协作	20	与他人合作有效	
	5	"7S"素养	10	实训平台干净整洁、元件分类摆放	
	6	齿轮泵组成零件清单	10	零件无损坏,无遗漏	
	总分				

项目 **3**
液压执行元件及辅助元件的应用

项目描述

液压执行元件的作用是将液压泵输出的压力能转换为机械能输出,驱动工作机构做功。液压执行元件主要包括液压缸和液压马达。液压辅助元件包括油箱、压力表、蓄能器、密封装置、油管等元件,是液压系统中必不可少的组成部分。通过本项目的学习,学习者需了解油箱、压力表、蓄能器、密封装置、油管等辅助元件应用特点,掌握常用液压执行元件的工作原理及应用特点。

项目知识框架

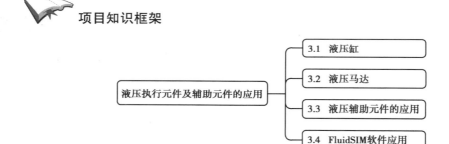

项目引入

如图 3.1 所示为 Q2-8 型汽车起重机外形简图。这种液压起重机起重装置可连续回转。当装上附加臂后(图中未表示),可用于建筑工地吊装预制件,液压起重机承载能力大,可在有冲击振动、温度变化大和环境较差的条件下工作。其执行元件要求完成的动作比较简单,位置精度较低。那么起重机支腿的伸缩,起重装置的回转,吊臂的变幅、伸缩,以及起升机构的核心元件是什么呢? 这个元件是如何工作的? 如何选择这些元件? 这些问题都需要通过本项目来完成。

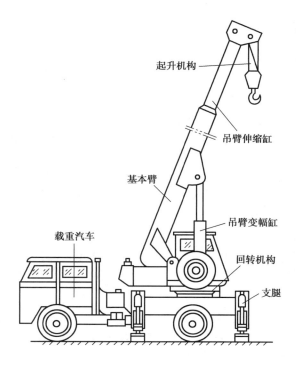

图 3.1　Q2-8 型汽车起重机外形简图

 项目分析

　　起重机支腿的收放,吊臂的伸缩、变幅,都是做直线运动。起重装置的回转,起升机构的核心运动形式都是回转运动。液压系统有两种液压元件分别是液压缸和液压马达。其中,液压马达实现旋转运动,液压缸实现往复直线运动或摆动。这两种元件在液压系统中统称执行元件。液压执行元件是一种能量转换装置,其转换过程和液压泵正好相反,是将系统提供的液压能转变为机械能输出,从而驱动工作机构做功。

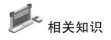 **相关知识**

3.1　液压缸

　　液压缸(又称油缸或动作筒),是将液体压力能转换为机械能的执行元件,输出直线或摆动的往复运动。

　　液压缸按其结构特点可分为活塞式液压缸、柱塞式液压缸和摆动式液压缸 3 大类。其中,活塞缸和柱塞缸用以实现直线运动,而摆动缸用以实现小于 360° 的转动。液压缸根据其作用方式可分为单作用液压缸和双作用液压缸两大类。单作用液压缸只有一个方向的运动由液压力推动,而反向运动靠外力(弹簧力、重力等)实现。双作用液压缸则正反两个方向的运动都是利用液压力推动的。

25

3.1.1 活塞式液压缸

活塞式液压缸可分为双杆式和单杆式两种结构。

(1)双杆活塞式液压缸

双杆活塞式液压缸的活塞两端都有活塞杆伸出,其结构如图3.2(a)所示,外观实物图如图3.2(b)所示。当两活塞杆直径相同,缸两腔的供油压力和流量都相等时,活塞(或缸体)两个方向的运动速度和推力也都相等。这种液压缸常用于要求往复运动速度和负载都相同的场合。

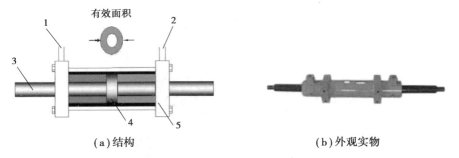

(a)结构   (b)外观实物

图3.2 双杆活塞式液压缸

1—进(出)油口;2—出(进)油口;3—活塞杆;4—活塞;5—缸筒

双杆活塞式液压缸的推动力 F 和速度 v 按下式计算(设回油压力为零),即

$$F = Ap = \frac{\pi}{4}(D^2 - d^2)p \tag{3.1}$$

$$v = \frac{q}{A} = \frac{4q}{\pi(D^2 - d^2)} \tag{3.2}$$

式中 A——液压缸有效工作面积;

      F——液压缸的推力;

      v——活塞或缸体的运动速度;

      p——进油压力;

      q——进入液压缸的流量;

      D——液压缸内径;

      d——活塞杆直径。

双杆活塞式液压缸有两种固定结构,分为缸体固定和活塞杆固定。

如图3.3所示为缸体固定的液压缸结构原理图。当缸的左腔进压力油,右腔回油时,活塞带动工作台向右移动;当缸的右腔进压力油,左腔回油时,活塞带动工作台向左移动。由于工作台的运动范围略为缸体有效行程的3倍,因此占地面积较大,一般用于小型设备的液压系统。

如图3.4所示为活塞杆固定的液压缸结构原理图。当缸的左腔进压力油,右腔回油时,缸体带动工作台向左移动;当缸的右腔进压力油,左腔回油时,缸体带动工作台向右移动。其运动范围略为缸体有效行程的2倍。在有效行程相同的情况下,其所占空间比缸体固定的要小。活塞杆固定的液压缸常用于行程较长的大、中型设备的液压系统。

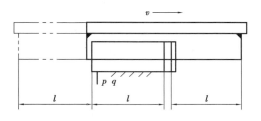

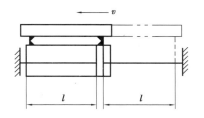

图 3.3　缸体固定及活塞杆运动范围　　　　图 3.4　活塞杆固定及缸体运动范围

(2)单杆活塞式液压缸

液压系统中做往复运动的执行机构,活塞一侧有活塞杆,另一侧无活塞杆,具有结构简单、工作可靠、装拆方便、易于维修且连接方式多样等特点,按液压力的作用方式可分为单作用液压缸和双作用液压缸。

单作用液压缸的液压力只能使液压缸单向运动,返回靠自重或弹簧力来实现,如图 3.5 所示。

(a)结构　　　　　　　(b)实物外观　　　　　　(c)图形符号

图 3.5　单作用液压缸

双作用液压缸的正反两个方向的运动均靠液压力实现。其活塞两侧液压油的有效作用面积不同(活塞杆占掉一部分作用面积),如图 3.6 所示。

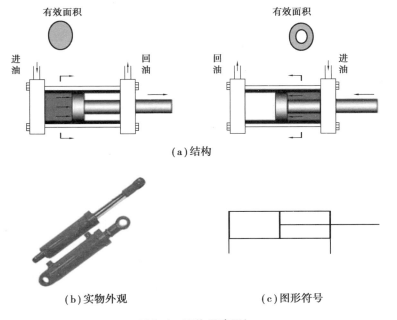

图 3.6　双作用液压缸

27

双作用液压缸的工作情况可以分为 3 种情况(图 3.7):一是无杆腔进油,有杆腔回油如图 3.7(a)所示;二是有杆腔进油,无杆腔回油如图 3.7(b)所示;三是无杆腔和有杆腔连通后再与进油口连接如图 3.7(c)所示,这种情况称为差动连接。在这 3 种情况下,活塞杆的运动速度和所能提供的作用力各不相同(表 3.1)。

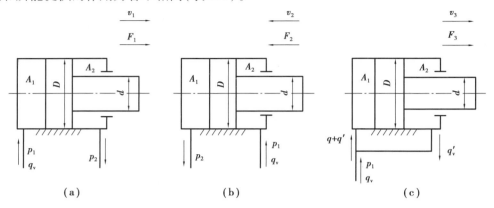

图 3.7 单活塞杆液压缸计算简图

表 3.1 3 种工作情况下活塞运动速度和输出作用力

工作情况	活塞运动速度 v	活塞输出作用力 F
无杆腔进油,有杆腔回油	$v_1 = \dfrac{q_v}{A_1} = \dfrac{4q_v}{\pi D^2}$	$F_1 = p_1 A_1 - p_2 A_2 = \dfrac{\pi}{4}\left[D^2 p_1 - (D^2 - d^2)p_2\right]$ 当回油直接接回油箱时,回油腔压力(若背压)很小时,可以略去不计,则 $F_1 = p_1 A_1 = \dfrac{\pi}{4}D^2 p_1$
有杆腔进油,无杆腔回油	$v_2 = \dfrac{q_v}{A_2} = \dfrac{4q_v}{\pi(D^2 - d^2)}$	$F_2 = p_1 A_2 - p_2 A_1 = \dfrac{\pi}{4}\left[(D^2 - d^2)p_1 - D^2 p_2\right]$ 若背压可忽略不计,则 $F_2 = \dfrac{\pi}{4}(D^2 - d^2)p_1$
差动连接	$v_3 = \dfrac{4q_v}{\pi d^2}$	$F_3 = \dfrac{\pi}{4}d^2 p_1$

注:表 3.1 计算公式中 q_v 为输入液压缸的油流量;D 为活塞直径;d 为活塞杆直径;p_1, p_2 为液压缸的进、回油压力;A_1, A_2 为无杆腔、有杆腔的有效作用面积。

由表 3.1 计算公式可知:

①单活塞杆液压缸两个油腔的输入流量不变的情况下,两个油腔的有效作用面积不相等,活塞的往返速度也不相等。无杆腔进油时活塞速度慢,有杆腔进油时活塞速度快。

②单活塞杆液压缸两个油腔的输入压力不变的情况下,两个油腔的有效作用面积不相等,活塞能够提供的作用力也不相等。无杆腔进油时活塞能够提供的作用力大,有杆腔进油时活塞能够提供的作用力小。

③差动连接时,实际起有效作用的面积是活塞杆的横截面积。与非差动连接无杆腔进油

工况相比,在输入油液压力和流量相同的条件下,活塞杆伸出速度较大而推力较小。

实际应用中,液压系统可以通过换向阀来改变单活塞杆液压缸的油路连接,实现"快进(差动连接)—工进(无杆腔进油)—快退(有杆腔进油)"的工作循环。如果取 $D=\sqrt{2}\,d$,还能实现差动液压缸快进速度与快退速度相等。

3.1.2　增压液压缸

当液压系统中短时或局部需要高压时,为节约高压泵,可以使用增压缸,将液压泵输出的较低压力转变为较高压力输送给需要高压的局部元件,常用增压缸与低压大流量泵配合实现。如图 3.8(a)所示为单作用增压缸的工作原理图。输入的液压油压力 p_1,输出的液压油压力为 p_2,增大的压力关系为

$$P_2 = P_1 \left(\frac{D}{d} \right)^2 \tag{3.3}$$

由于单作用增压缸不能连续向系统供油,因此,可采用如图 3.8(b)所示的双作用式结构的增压缸,实现连续向系统供油。

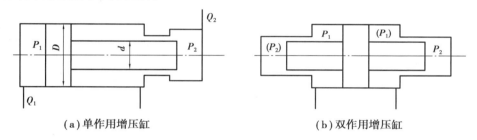

（a）单作用增压缸　　　　　　　　　　（b）双作用增压缸

图 3.8　增压缸工作原理图

3.1.3　摆动式液压缸

摆动式液压缸也称为摆动式液压马达,当通入压力油时,其主轴输出一定角度的摆动运动,常用于送料装置、夹紧装置、转位装置等需要周期性进给的系统中。摆动式液压缸主要有叶片式、齿轮齿条式和螺旋式 3 种结构形式。以叶片式摆动液压缸为例分析其工作原理。

叶片式摆动液压缸分为单叶片和双叶片两种。如图 3.9(a)所示为单叶片式摆动液压缸原理图,它主要由定子块、缸体、转子、叶片、左右支撑盘等主要零件组成。定子块固定在缸体上,叶片和转子连接在一起,当油口相继通过压力油时,叶片受到进油端和出油端的不平衡液压力作用,从而带动转子做往复摆动。单叶片摆动缸结构简单,摆动角度可达 300°。但它有两个缺点:一是输出的转矩相对较小;二是转轴径向不平衡液压力大。

如图 3.9(b)所示为双叶片式摆动液压缸原理图。转子上对称固定着两个叶片,径向液压力得到了平衡。另外,在同样的结构尺寸和液压油输入的情况下,输出的转矩是单叶片缸的 2 倍,但角速度却是单叶片缸的 1/2,并且摆动角度不超过 180°。其图形符号如图 3.9(c)所示。

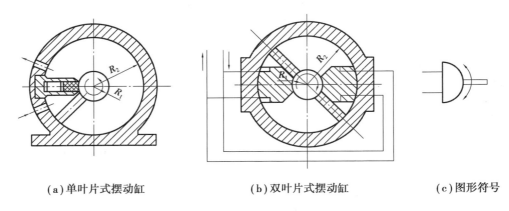

(a)单叶片式摆动缸　　　　　　　(b)双叶片式摆动缸　　　　　(c)图形符号

图3.9　叶片摆动式液压缸

3.1.4　柱塞式液压缸

活塞式液压缸要求缸筒在全行程范围内都和活塞有较高的配合精度,这就提高了制造难度,而柱塞式液压缸的柱塞与缸筒无配合要求。柱塞式液压缸的结构如图3.10(a)所示,缸筒内孔无加工精度要求,降低了制造成本。它是一种单作用液压缸,柱塞与工作部件连接,如图3.10(b)所示,缸筒固定在机体上,当压力油进入缸筒时,推动柱塞带动运动部件向右运动,返程时只能借助自重或其他外力驱动。此液压缸通常成对反向安装使用,主要用于行程较长(即运动行程长)的场合,如柱塞缸通常应用于龙门刨床、导轨磨床、大型拉床等大行程设备的液压系统。

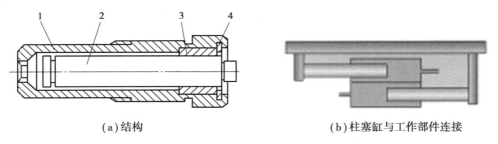

(a)结构　　　　　　　　　　　(b)柱塞缸与工作部件连接

图3.10　柱塞式液压缸
1—缸体;2—柱塞;3—导向套;4—弹簧卡圈

3.1.5　伸缩缸

伸缩缸又称多级缸,由两级或多级活塞缸套装而成,如图3.11所示分别为其结构原理图和实物图。它的前一级活塞缸的活塞就是后一级的缸体,这种伸缩缸的各级活塞依次伸出,可获得很长的行程。活塞伸出的顺序从大到小,相应的推力也由大变小,而伸出速度则由慢变快。空载缩回的顺序一般从小到大,缩回后缸的总长较短、结构紧凑,适用于安装空间受到限制而行程要求很长的场合。

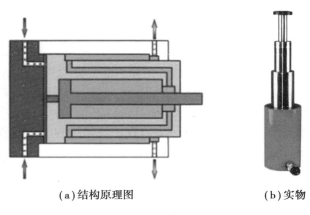

（a）结构原理图　　　　　　　（b）实物

图 3.11　伸缩式液压缸

3.2　液压马达

3.2.1　液压马达的作用与分类

液压马达是将液体的压力能转换为机械能,输出旋转运动的液压执行元件。其内部构造与液压泵类似,差别仅在于液压泵的旋转由电动机带动,输出的是液压油,而液压马达则是输入液压油,输出的是转矩和转速。

液压马达和液压泵在结构形式上的分类完全一样,分为齿轮式、叶片式、柱塞式和螺杆式等。按液压马达的额定转速分为额定转速低于 500 r/min 的低速液压马达和额定转速在 500 r/min 以上的高速液压马达。低速液压马达的基本形式是径向柱塞式,又可分为单作用曲轴连杆式、多作用内曲线式和静压平衡式等。低速液压马达的主要特点是排量大,体积大,转速低,有的可低到每分钟几转甚至不到 1 转。低速液压马达可以直接与工作机构连接,不需要减速装置。通常低速液压马达的输出扭矩较大,可达几千 N·m 到几万 N·m,又称为低速大扭矩液压马达。高速液压马达的基本形式有齿轮式、螺杆式、叶片式和轴向柱塞式等。它们的主要特点是转速较高,转动惯量小,便于启动和制动,调节(调速和换向)灵敏度高。通常高速液压马达的输出扭矩不大,仅几十 N·m 到几百 N·m,又称为高速小扭矩液压马达。

按排量可以将液压马达分为定量马达和变量马达两种。

3.2.2　液压马达的图形符号

常用液压马达的图形符号如图 3.12 所示。

（a）单向定量马达　　（b）双向定量马达　　（c）单向变量马达　　（d）双向变量马达

图 3.12　常用液压马达的图形符号

3.2.3 液压马达的工作原理

（1）齿轮式液压马达

齿轮式液压马达分为外啮合齿轮式液压马达和内啮合齿轮式液压马达两种，以外啮合齿轮式液玉马达为例介绍其工作原理。如图 3.13 所示，油液从右侧进口（压力油口）P 进入（吸油区密封容腔变大，吸入压力油），另一侧通回油口（压油区密封容腔变小排回油箱），在压力油的作用下输出的合力矩推动齿轮 2 及齿轮 2 所在的输出轴顺时针转动。改变液压油方向时，液压马达反转。

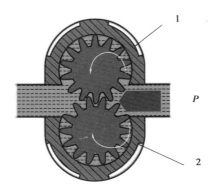

图 3.13　齿轮式液压马达工作原理
1,2—齿轮

由于齿轮式液压马达输出转矩和转速的脉动性较大，径向力不平衡，在低速旋转及负荷发生变化时运转的稳定性较差，因此齿轮式液压马达用于转速高、转矩小的场合，也用于较重物体旋转的传动装置，在起重设备中应用比较广泛。

（2）叶片式液压马达

如图 3.14 所示，所有叶片径向放置。当油液从右侧进油口进入时，位于进油腔的叶片 2,6 因两面受相同压力的液压油作用，故不产生转矩。叶片 7,3 和叶片 1,5 的一侧均受高压油的作用，另一侧为低压油，每个叶片的两侧受力不平衡，由于叶片 3,7 伸出长度长，受力面积大于叶片 1,5 的受力面积，因此作用于叶片 3,7 上的液压力所产生的顺时针方向的转矩大于作用于叶片 1,5 上的液压力所产生的顺时针方向的转矩，从而把油液的压力能转换为机械能，使转子沿顺时针方向旋转。改变液压油方向时，液压马达反转。

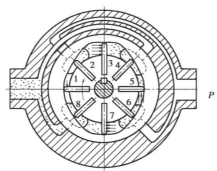

图 3.14　叶片式液压马达工作原理
1,2,3,4,5,6,7,8—叶片

叶片马达的体积小,转动惯量小,动作灵敏,可适应的换向频率较高,但泄漏较大,低速工作时很不稳定。叶片马达一般用于转速高、转矩小和动作灵敏的场合。

(3)柱塞式液压马达

柱塞式液压马达可分为径向柱塞式和轴向柱塞式,轴向柱塞液压马达分为斜盘式轴向柱塞马达和斜轴式轴向柱塞马达两类。本书仅介绍斜盘式轴向柱塞马达和径向柱塞马达的工作原理。

如图 3.15 所示为斜盘式轴向柱塞马达工作原理图,斜盘 1 和配油盘 4 固定不动,缸体 2 和马达轴 5 相连接,并可一起旋转。当压力油经配油窗口进入缸体孔作用到柱塞端面上时,压力油将柱塞顶出,对斜盘产生推力,斜盘则对处于压油区一侧的每个柱塞都产生一个法向反力 F,这个力的水平分力 F_x 与柱塞上的液压力平衡,而垂直分力 F_y 则使每个柱塞都对转子中心产生一个转矩,使缸体和马达轴做逆时针方向旋转。如果改变液压马达压力油的输入方向,马达轴就可做顺时针方向旋转。液压马达一般需要正、反转,其配油盘的结构和进出油口的流道大小和形状完全对称。

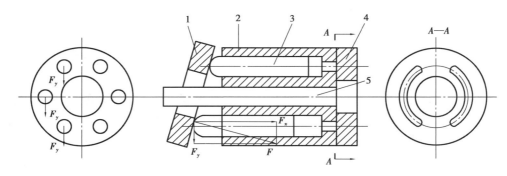

图 3.15　斜盘式轴向柱塞马达工作原理
1—斜盘;2—缸体;3—柱塞;4—配油盘;5—马达轴

轴向柱塞马达具有结构紧凑、单位功率体积小、质量轻、工作压力高、容易实现变量和效率高等优点。但其结构较复杂,对油液污染较敏感,要求较高的过滤精度,价格较贵。轴向柱塞马达都是高速马达,输出扭矩小,可通过减速器降低转速后传递给工作机构。

如图 3.16 所示为径向柱塞马达的工作原理图,当压力油从配油轴 5 的轴向孔道经配油窗口、衬套 3 进入转子 2 内柱塞 1 的底部时,油压作用于柱塞 1 向外伸出紧紧地顶在定子 4 的内壁上。在柱塞与定子接触处,定子给柱塞一反作用力,其方向在定子内圆柱曲面的法线方向上。将力分解成沿柱塞的轴向力和径向力,径向力对转子产生转矩,使转子旋转。定子 4 和转子 2 之间存在偏心距 e,调节 e 的大小,便可调节液压马达工作容积腔的大小即调节马达的排量。

径向柱塞式马达的主要特点是排量大(柱塞的直径大、行程长、数目多)、压力高、密封性好。但其尺寸及体积大,不能用于反应灵敏、频繁换向的系统中。在采煤机械、矿山机械、建筑机械、工程机械、起重运输机械及船舶方面,低速大转矩液压马达应用较广泛。

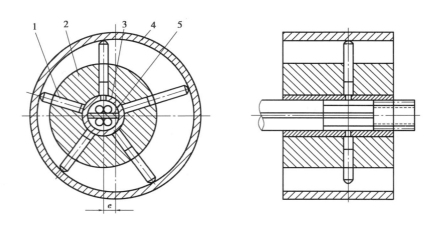

图3.16 径向柱塞马达工作原理
1—柱塞;2—转子;3—衬套;4—定子;5—配油轴

3.2.4 液压马达的性能参数

(1)压力(单位为 MPa)

①工作压力 p。马达入口油液的实际压力称为马达的工作压力,马达进口压力和出口压力的差值称为马达的工作压差 Δp。

②额定压力 p_n。马达在正常工作条件下,按试验标准规定能连续运转的最高压力称为马达的额定压力 p_n,超过此值时就会过载。

(2)排量(单位为 mL/r)、流量(单位为 L/min)和容积效率

①排量 V。马达轴每转一周所能进入的液体体积,称为马达的理论排量(简称排量),排量的大小是液压马达工作能力的主要标志。

②流量 q。马达入口处的流量称为马达的实际流量,对应某一指定转速,单位时间内马达密封容积的变化称为马达的理论流量 q_i,实际流量与理论流量之差即为马达的泄漏量。

③容积效率 η_v。为了满足转速要求,马达实际输入流量大于理论输入流量,理论流量除以实际流量即为容积效率。

(3)转矩(单位为 N·m)、机械效率和总效率

①转矩 T。如果液压马达的进、出油口之间的压力差为 Δp,排量为 V,则液压马达的理论输出转矩 T_t 为

$$T_t = \frac{\Delta p V}{2\pi} \tag{3.4}$$

②机械效率 η_m。由于液压马达内部不可避免地存在各种摩擦,实际输出的转矩 T 总比理论转矩 T_t 小些,即

$$T = \frac{\Delta p V \eta_m}{2\pi} \tag{3.5}$$

③总效率 η。液压马达的总效率同液压泵,即容积效率与机械效率的乘积。

$$\eta = \eta_v \eta_m \tag{3.6}$$

(4)转速 n

液压马达的转速取决于液压油的理论流量 q_i 和液压马达本身的排量 V,但马达内部有泄

漏,马达的实际转速要比理想转速低,实际转速为

$$n=\frac{q_\mathrm{i}\cdot\eta_\mathrm{v}}{V} \tag{3.7}$$

3.3　液压辅助元件的应用

液压系统中的辅助元件是指除液压动力元件、执行元件、控制元件之外的其他组成元件,它们是组成液压传动系统必不可少的一部分,对系统的性能、效率、温升、噪声和寿命的影响极大。这些元件主要包括蓄能器、过滤器、油箱、管件和密封件等。它们在液压系统中虽然只起辅助作用,但必须给予足够的重视。如果选择或使用不当,不但会直接影响系统的工作性能和使用寿命,还会使系统发生故障。

3.3.1　油箱

油箱在液压系统中的功用是储存系统工作所需的液压油,散发系统工作时产生的热量,沉淀油液中的杂质及逸出油液中的气体和水分。如图 3.17 所示为油箱结构示意图。

液压系统中的油箱有整体式和分离式两种。整体式油箱利用主机的内腔作为油箱,这种油箱结构紧凑,各处漏油易于回收,但增加了设计和制造的复杂性,维修不便,散热条件不好,且会使主机产生热变形。分离式油箱单独设置,与主机分开,减少了油箱发热和液压源振动对主机工作精度的影响,得到了普遍的应用,特别是在精密机械上。

按油面是否与大气相通,油箱可分为开式油箱和闭式油箱。开式油箱广泛用于一般的液压系统;闭式油箱用于水下和高空无稳定气压的场合。

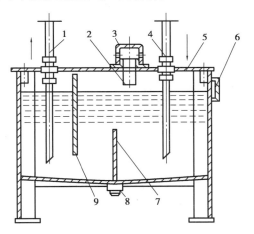

图 3.17　油箱结构示意图

1—吸油管;2—过滤网;3—空气过滤器;4—回油管;5—安装板;
6—油位计;7,9—隔板;8—放油阀

3.3.2　压力表与压力表开关

液压系统中某些部位(如液压泵的出油口、主要执行元件的进油口等)必须设置压力检测

和显示装置,以便调整和控制其压力。压力检测装置通常采用压力表及压力传感器。

压力表一般通过压力表开关与油路连接。

(1)压力表

观察液压系统中各工作点的油液压力,以便操作人员把系统的压力调整到要求的工作压力。

如图3.18(a)所示为常用的一种压力表,其结构如图3.18(b)所示,由测压弹簧管1、齿扇杠杆放大机构4、基座3和指针2等组成。压力油液从下部油口进入弹簧管后,弹簧管在液压力的作用下变形伸张,通过齿扇杠杆放大机构将变形量放大并转换为指针的偏转(角位移),油液压力越大,指针偏转角度越大,压力数值可由表盘上读出。如图3.18(c)所示为压力表的符号。

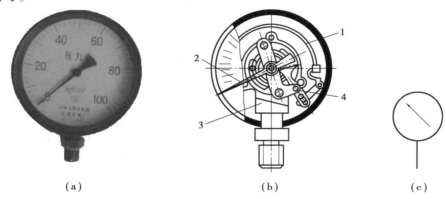

图3.18 压力表
1—弹簧弯管;2—指针;3—基座;4—放大机构

选用压力表时主要考虑的问题有压力测量范围、压力测量精度、使用场合以及对附加装置的要求等。

①选择压力表量程。在被测压力较为稳定的情况下,最大压力值不超过压力表满量程的3/4;在被测压力波动较大的情况下,最大压力值不超过压力表满量程的2/3。为提高压力的示值精度,被测压力的最小值应不低于压力表满量程的1/3。在选用压力表量程时应大于系统的工作压力的上限,即压力表量程约为系统最高工作压力的1.5倍。

②选择测量精度。压力表的测量精度等级以其测量误差占量程的百分数表示。压力表有多种精度等级。普通精度的有1,1.5,2.5,3,…级;精密型的有0.1,0.16,0.25,…级。例如,1.5级精度等级的量程为10 MPa的压力表,最大量程时的误差为10 MPa×1.5% = 0.15 MPa。压力表最大误差占整个量程的百分数越小,压力表精度越高。

一般机床上用的压力表精度等级为2.5～4级。

(2)压力表开关

压力表开关是接通或断开压力表与测量位置处油路的通道,其实物图如图3.19(b)所示。压力表开关有一点式、三点式、六点式等,多点压力表开关可根据系统的需要用于系统多处压力测量点。如图3.19(a)所示为六点式压力表开关结构,图示位置为非测量位置,此时压力表油路经小孔b、沟槽a与油箱接通。若将手柄向右推进,沟槽a将压力表与测量点接通,并把压力表通往油箱的油路切断,这时便可测量出该测量点的压力。如果将手柄转到另外一个位置,便可以测出另一个点的压力。

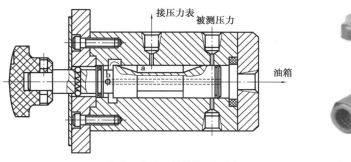

(a)六点式压力表开关结构原理图　　　　　(b)六点式压力表开关实物图

图 3.19　压力表开关

3.3.3　蓄能器

蓄能器是液压系统中的重要辅助元件,是一种储存和释放能量的装置,在液压系统中可作为辅助动力源、紧急操纵、泄漏补偿、吸收冲击、避震和吸收脉动等使用。蓄能器在适当的时机将系统中的能量转变为弹簧势能、重力势能或气体内能储存起来,当系统需要时,又将弹簧势能、重力势能或气体内能转变为油液压力能释放出来,重新补供给系统。如图 3.20(a)所示为蓄能器实物图,如图 3.20(b)所示为一般蓄能器的图形符号。

(a)蓄能器实物图　　　　(b)一般蓄能器的图形符号

图 3.20　蓄能器的实物图和图形符号

蓄能器按其储存能量的方式分为重力式、弹簧式和充气式 3 种。目前常用的多是利用气体压缩和膨胀来储存、释放液压能的充气式蓄能器,可分为非隔离式(气瓶式)和隔离式两种,而隔离式包括活塞式、气囊式和隔膜式等(图 3.21)。

(a)活塞式蓄能器　　　　(b)气囊式蓄能器　　　　(c)隔膜式蓄能器

图 3.21　充气隔离式蓄能器

（1）重力式蓄能器

重力式蓄能器（图3.22）通过提升加载在密封活塞上的质量块将液压系统中的压力能转化为重力势能积蓄起来。其优点是结构简单、压力稳定；缺点是安装局限性大，只能垂直安装，不易密封，质量块惯性大，不灵敏。

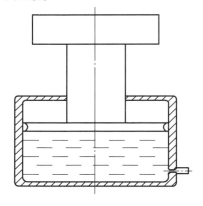

图3.22 重力式蓄能器

（2）弹簧式蓄能器

弹簧式蓄能器（图3.23）依靠压缩弹簧将液压系统中的过剩压力能转化为弹簧势能存储起来，需要时释放出去。其优点是结构简单，成本较低；缺点是弹簧伸缩量有限，消振功能差，只适合小容量、低压系统（$P \leqslant 1.0 \sim 1.2 \ \mathrm{MPa}$），或者用作缓冲装置。

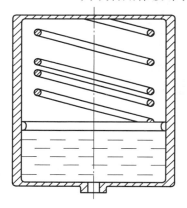

图3.23 弹簧式蓄能器

（3）隔膜式蓄能器

隔膜式蓄能器（图3.24）内部有由可变形柔性材料制成的隔膜，隔膜上部为惰性气体，气体由充气阀充入，隔膜下部为储油腔，压力油从油路接口通入，通过隔膜上部预充气体的体积发生变化而使储油腔内的液压油成为具有一定液压能的压力油。这种蓄能器具有质量轻、薄膜变形阻力小、动作频率高、无惯性、吸收压力脉动性能好等优点；缺点是容积小、输出流量小、维修不方便等，在使用中受到很大限制。

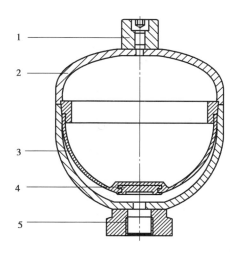

图3.24　隔膜式蓄能器
1—充气阀;2—缸体;3—隔膜;4—闭合阀座;5—油路接口

(4)气囊式蓄能器

气囊式蓄能器(图3.25)的气囊用耐油橡胶制成,通过充气阀向气囊内充入惰性气体,压力油从提升阀通入储油腔,通过改变气囊内预充气体的体积而使蓄能器储油腔内的液压油成为具有一定液压能的压力油。这种蓄能器具有密封性好、效率高、灵敏度高、结构紧凑、质量轻、易维护、动作惯性小等优点,在液压系统中的应用较为广泛。

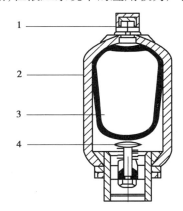

图3.25　气囊式蓄能器
1—充气阀;2—缸体;3—气囊;4—提升阀

(5)活塞式蓄能器

活塞式蓄能器(图3.26)的活塞上部为惰性气体,气体由充气阀充入,活塞随下部压力油的储存和释放在缸体内来回滑动,通过改变活塞上部预充气体的体积使蓄能器的储油腔内的液压油成为具有一定液压能的压力油。这种蓄能器具有结构简单,强度及可靠性较高,使用寿命长,供油流量大,使用温度范围宽等优点,适用于大流量蓄能的液压系统。但是这种蓄能器活塞运动的惯性大、灵敏性较差、磨损泄漏大、效率低,不适用于工作频率高,压差小及无泄漏的液压系统,也不适用于吸收液压系统的脉动和液压冲击。

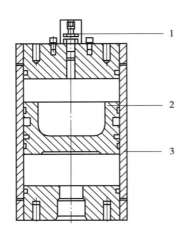

图 3.26　活塞式蓄能器

1—充气阀;2—活塞;3—缸体

蓄能器的主要功用有以下 4 个方面:

①间歇工作或实现周期性动作循环的液压系统中,蓄能器可以把液压泵输出的多余压力油储存起来。当系统需要时,由蓄能器释放出来。这样可以减少液压泵的额定流量,从而减小电机功率消耗,降低液压系统温升,如图 3.27(a)所示。

②系统保压或作紧急动力源。对执行元件长时间不动作,而要保持恒定压力的系统,可用蓄能器来补偿泄漏,从而使压力恒定。对某些系统要求当泵发生故障或停电时,执行元件应继续完成必要的动作,这时需要有适当容量的蓄能器作紧急动力源,如图 3.27(b)所示。

③吸收系统脉动,缓和液压冲击。蓄能器能吸收系统压力突变时的冲击,如液压泵突然启动或停止、液压阀突然关闭或开启、液压缸突然运动或停止时能吸收液压泵工作时的流量脉动所引起的压力脉动,相当于油路中的平滑滤波,这时需在泵的出口处并联一个反应灵敏而惯性小的蓄能器,如图 3.27(c)所示。

④回收能量。蓄能器在液压系统节能中的一个有效应用是将运动部件的动能和下落质量的位能以压力能的形式加以回收和利用,从而减少系统能量损失和由此引起的发热。例如,为了防止行走车辆在频繁制动中将动能全部经制动器转化为热能,可在车辆行走系统的机械传动链中加入蓄能器,将动能以压力能的形式进行回收利用,如图 3.27(d)所示。

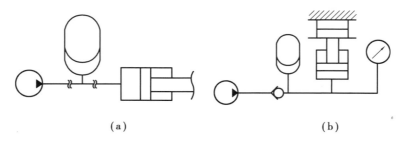

（a）　　　　　　　　　　　　　　　　　　　　（b）

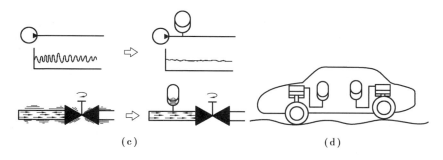

图 3.27   蓄能器的用途

3.3.4   过滤器

在液压系统故障中,近 80% 是由油液污染引起,在液压系统中必须使用过滤器。过滤器的功用是清除油液中的各种杂质,以免其划伤、磨损,甚至卡死有相对运动的零件,或堵塞零件上的小孔及缝隙,影响系统的正常工作,降低液压元件的寿命,甚至造成液压系统的故障。控制污染主要的措施是使用具有一定过滤精度的过滤器进行过滤。各种液压系统的过滤精度要求见表 3.2。

表 3.2   各种液压系统的过滤精度要求

工作压力/MPa	0~2.5	≤14	14~32	>32	≤21
精度 d/μm	≤100	25~50	≤25	≤10	≤5

过滤器的过滤精度是指滤芯能够滤除的最小杂质颗粒的大小,以直径 d 作为公称尺寸表示,按精度可分为粗过滤器($d<100$ μm)、普通过滤器($d<10$ μm)、精过滤器($d<5$ μm)、特精过滤器($d<1$ μm)。一般对过滤器的基本要求如下:

①能满足液压系统对过滤精度要求,即能阻挡一定尺寸的杂质进入系统。

②滤芯应有足够强度,不会因压力而损坏。

③通流能力大,压力损失小。

④易于清洗或更换滤芯。

过滤器按滤芯的材料和结构形式,可分为网式、线隙式、纸质滤芯式、烧结式及磁性过滤器等;按过滤器安放的位置不同,可分为吸滤器、压滤器和回油过滤器,考虑泵的自吸性能,吸油过滤器多为粗滤器。如图 3.28 所示分别为各种过滤器的结构图和实物图。

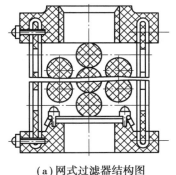

(a)网式过滤器结构图

(b)网式过滤器实物图

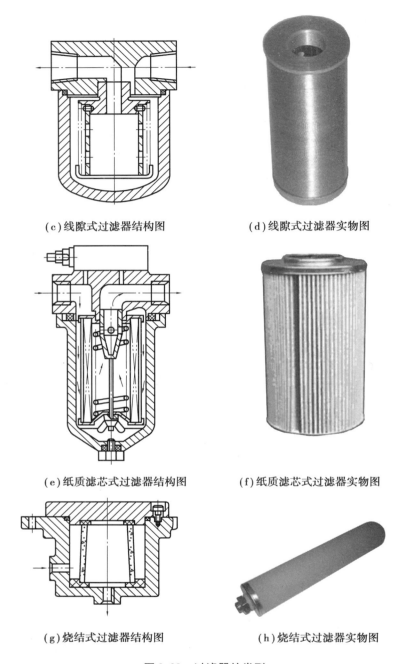

(c)线隙式过滤器结构图　　　　　　　　(d)线隙式过滤器实物图

(e)纸质滤芯式过滤器结构图　　　　　　(f)纸质滤芯式过滤器实物图

(g)烧结式过滤器结构图　　　　　　　　(h)烧结式过滤器实物图

图3.28　过滤器的类型

如图3.29所示,过滤器在液压系统中的安装位置通常有以下几种:

①安装在泵的吸油口处。过滤器1安装在泵的吸入口,目的是滤去较大的杂质微粒以保护液压泵。此外,过滤器的过滤能力应为泵流量的2倍以上,压力损失小于0.02 MPa。

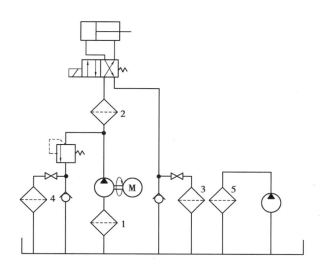

图 3.29 过滤器的安装位置

②安装在泵的出口油路上。过滤器 2 安装在泵出口,属于压力管路用滤油器,保护泵以外的其他元件。一般装在溢流阀下游管路上或和安全阀并联,以防止滤油器被堵塞时泵形成过载。

③安装在系统的回油路上。过滤器 3 安装在回油管路上,这种安装起间接过滤作用,过滤器一般并联安装一个背压阀,当过滤器堵塞达到一定压力值时,背压阀打开。

④安装在溢流阀的回油管上。过滤器 4 因其只通泵部分的流量,故过滤器容量可较小。

⑤单独过滤系统。过滤器 5 为独立的过滤系统,其作用在不断净化系统中之液压油,常用在大型的液压系统里。

液压系统中除了整个系统所需的过滤器外,还常在一些重要元件(如伺服阀、精密节流阀等)的前面单独安装一个专用的精过滤器来确保它们的正常工作。

3.3.5 密封装置

密封装置的主要功用就是防止液压油的泄漏。液压系统如果密封不良,可能出现不允许的外泄漏,外漏的油液将会污染环境,还可能使空气进入吸油腔,影响液压泵的工作性能和液压执行元件运动的平稳性(爬行)。泄漏严重时,系统容积效率过低,甚至工作压力达不到要求值。若密封过度,虽可防止泄漏,但会造成密封部分的剧烈磨损,缩短密封件的使用寿命,增大液压元件内的运动摩擦阻力,降低系统的机械效率。合理地选用和设计密封装置在液压系统的设计中十分重要。

(1)系统对密封装置的要求

①在工作压力和一定的温度范围内,应具有良好的密封性能,并随着压力的增加能自动提高密封性能。

②密封装置和运动件之间的摩擦力要小,摩擦因数要稳定。

③抗腐蚀能力强,不易老化,工作寿命长,耐磨性好,磨损后在一定程度上能自动补偿。

④结构简单,使用、维护方便,价格低廉。

（2）常用密封装置

密封按其工作原理来分可分为非接触式密封和接触式密封。前者主要指间隙密封，后者指密封件密封。

3.3.6 油管与管接头

（1）油管

在液压传动中，常用的油管有钢管、紫铜管、尼龙管、塑料管、橡胶软管。必须按照安装位置、工作环境和工作压力来正确选用油管的类型特点及其适用范围，见表3.3。

表3.3　油管的类型特点及其适用范围

种类		特点及适用场合
硬管	钢管	能承受高压，价格低廉，耐油，抗腐蚀，刚性好，但装配时不能任意弯曲；常在装拆方便处用作压力管道，中、高压用无缝管，低压用焊接管
	紫铜管	易弯曲成各种形状，但承压能力一般不超过6.5～10 MPa，抗震能力较弱，易使油液氧化；通常用在液压装置内配接不便之处
软管	尼龙管	乳白色半透明，加热后可以随意弯曲成形成扩口，冷却后又能定形不变，承压能力因材质而异，从2.5～8 MPa不等
	塑料管	质轻耐油，价格便宜，装配方便，但承压能力低，长期使用会变质老化，只宜用作压力低于0.5 MPa的回油管、泄油管等
	橡胶管	高压管由耐油橡胶夹几层钢丝编织网制成，钢丝网层数越多，耐压越高，价昂；用作中、高压系统中两个相对运动件之间的压力管道，低压管由耐油橡胶夹帆布制成，可用作回油管道

油管的安装要求有以下几点：

①管道应尽量短，最好横平竖直，拐弯少，为避免管道皱褶，减少压力损失，管道装配的弯曲半径要足够大，管道悬伸较长时要适当设置管夹及支架。

②管道尽量避免交叉，平行管距要大于10 mm，以防止干扰和振动，并便于安装管接头。

③软管直线安装时要有一定的余量，以适应油温变化、受拉和振动产生的-2%～4%的长度变化的需要。弯曲半径要大于10倍软管外径，弯曲处到管接头的距离至少等于6倍外径。

（2）管接头

管接头用于管道和管道、管道和其他液压元件之间的连接。对管接头的主要要求是安装、拆卸方便，抗振动、密封性能好。

目前用于硬管连接的管接头形式主要有扩口式管接头、卡套式管接头和焊接式管接头3种。用于软管连接的管接头主要有扣压式。管接头的类型特点及其适用范围见表3.4。

表 3.4　管接头的类型特点及其适用范围

种类		特点及适用场合
硬管接头	扩口式	适用于紫铜管、薄钢管、尼龙管和塑料管等低压管道的连接,拧紧接头螺母,通过管套使管子压紧密封
	卡套式	拧紧接头螺母后,卡套发生弹性变形便将管子夹紧,它对轴向尺寸要求不严,装拆方便,但对连接用管道的尺寸精度要求较高
	焊接式	接管与接头体之间的密封方式有球面、锥面接触密封和平面加 O 形圈密封两种。前者有自位性,安装要求低,耐高温,但密封可靠性稍差,适用于工作压力不高的液压系统;后者密封性好,可用于高压系统
软管接头		胶管接头随管径和所用胶管钢丝层数的不同,工作压力为 6 ~ 40 MPa

3.4　FluidSIM 软件应用

FluidSIM 软件是由德国 Festo 公司 Didactic 教学部门和 Paderbom 大学联合开发,专门用于液压与气压传动的教学软件。FuidSIM 分两个软件,其中,FluidSIM-H 用于液压传动教学,而 FluidSIM-P 用于气压传动教学。其可设计液压回路相配套的电气控制回路图。在绘图过程中,FluidSIM 软件将检查各元件之间连接的可行性,可对构件的回路图进行实际仿真,观察到各元件的物理量值,如气缸的运动速度、输出力、节流阀的开度、气路的压力等,构件电气控制液压回路,能充分展现各种开关和阀的动作过程,这样就能够预先了解回路的动态特性,从而正确地估计回路实际运行时的工作状态。这样就使回路图绘制和相应液压系统仿真一致,从而能够在设计完回路后,验证设计的正确性,并演示回路动作过程。

(1)液压与气动仿真软件 FluidSIM 的基本使用方法介绍

1)新建回路图

单击按钮或在“文件”菜单下,执行“新建”命令,新建空白绘图区域,以打开一个新窗口,如图 3.30 所示。每个新建绘图区域都自动含有一个文件名,且可按该文件名进行保存。这个文件名显示在新窗口标题栏上。通过元件库右边的滚动条,用户可以浏览元件。窗口左边显示出 FluidSIM 软件的整个元件库,其包括新建回路图所需的气动元件和电气元件。窗口顶部的菜单栏列出了仿真和创建回路图所需的功能,其工具栏常用菜单功能如下:

①新建、打开和保存回路图 🗋 🖿 🖫 。

②浏览回路图和元件图片等,打印窗口内容 🖾 🖨 。

③编辑回路图,如撤销、剪切、复制和粘贴 ↶ ✂ 🖺 🖺 。

④调整元件位置,如左对齐,竖向居中、右对齐,上对齐,横向居中、下对齐 🗔 🗔 🗔 ᵐᵐ ᵐᵐ ᵒᵒᴵ 。

⑤显示网格 ▦ 。

⑥缩放回路图、元件图片和其他窗口 🔍 🔍 🔍 🔍 🔍 🔍 。

⑦回路图检查 ☑ 。

⑧仿真回路图,控制动画播放(基本功能),如停止、启动和暂停 ■ ► Ⅱ 。

⑨仿真回路图,控制动画播放(辅助功能)如复位、仿真单步执行、仿真至系统变化和下一个主题 ◄◄ ►► ►►► 。

状态栏位于窗口底部,用于显示操作 FluidSIM 软件期间的当前计算和活动信息。在编辑模式中,FluidSIM 软件可以显示由鼠标指针所选定的元件。在 FluidSIM 软件中,操作按钮、滚动条和菜单栏与大多数 Microsoft Windows 应用软件类似。

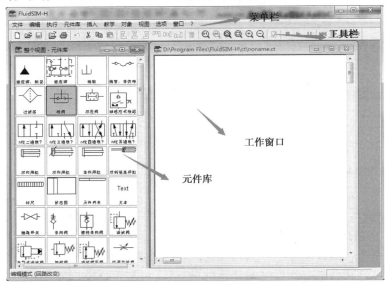

图 3.30　液压与气动仿真软件 FluidSIM 仿真软件新建窗口界面

用户可以从元件库中将元件"拖动"和"放置"在绘图区域上。方法如下:将鼠标指针移动到元件库中的元件上,按下鼠标左键,再保持鼠标左键移动指针到绘图区域,释放左键,则所选元件就被放到绘图区域里,如图 3.31 所示。

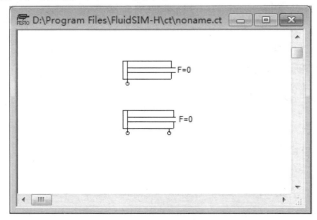

图 3.31　新建液压缸元件

采用这种方法,可以根据设计图要求将每个从元件库中"拖动"到绘图区域中的相应位置上。按同样方法,可以重新布置绘图区域中的元件,也可以对放到绘图区域的图形进行常见的"编辑"操作。

2）换向阀参数设置

将N位三通换向阀和油箱拖至绘图区域上。为确定换向阀驱动方式，双击换向阀，弹出如图3.32所示控制阀的参数设置对话框。

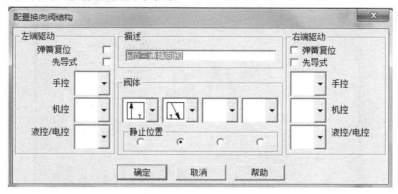

图3.32 控制阀的参数设置对话框

①左端、右端驱动。换向阀两端的驱动方式可以单独定义，其可以是一种驱动方式，也可以为多种驱动方式，如"手动""机控"或"液控/电控"。单击驱动方式下拉菜单右边向下箭头可以设置驱动方式，若不希望选择驱动方式，则应直接从驱动方式下拉菜单中选择空白符号。不过，对换向阀的每一端，都可以设置为"弹簧复位"或"液控复位"。

②描述。可以键入换向阀名称，该名称用于状态图和元件列表中。

③阀体。换向阀最多具有4个工作位置，对于每个工作位置来说，都可以单独选择。单击阀体下拉菜单右边向下箭头并选择图形符号，就可以设置每个工作位置。若不希望选择工作位置，则应直接从阀体下拉菜单中选择空白符号。

④静止位置。该按钮用于定义换向阀的静止位置（有时也称为中位），静止位置是指换向阀不受任何驱动的工作位置。只有当静止位置与弹簧复位设置一致时，静止位置定义才有效。从左边下拉菜单中选择带锁定手控方式，换向阀右端选择"弹簧复位"，单击"确定"按钮，关闭对话框。

⑤指定油口3为排油口。双击油口"3"，弹出如图3.33所示的接口对话框，下方可以关闭管接头。

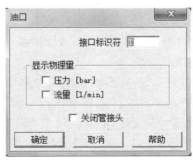

图3.33 油口对话框

3）元件连接

在编辑模式下，当将鼠标指针移至液压气缸接口上时，其形状变为十字线圆点形式。当将鼠标指针移动到油口上时，按下鼠标左键，并移动鼠标指针。鼠标指针形状变为十字线圆点箭头形式。移动到阀 2 口,释放鼠标左键则连接成功,立即显示出油管路如图 3.34 所示元件管路连接,当在两个油口之间不能绘制油路时,鼠标指针形状变为禁止符号。

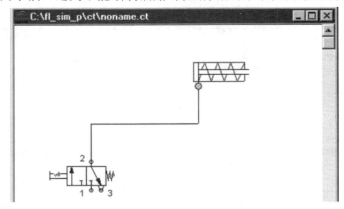

图 3.34　油路管路连接

将鼠标指针移至油管路上。在编辑模式下,当鼠标指针位于油管路上时,其形状变为选定油管路符号。按下鼠标左键,向左移动选定油管路符号,然后释放鼠标左键。立即重新绘制油管路如图 3.35 所示元件管路的重新设置。

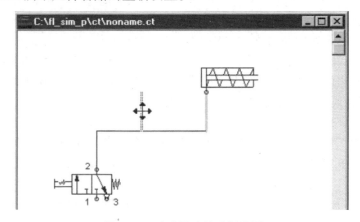

图 3.35　油路管路的重新设置

在编辑模式下,可以选择或移动元件和管路。在单击"编辑"菜单下,执行"删除"命令,或按下 Del 键,可以删除元件和管路。连接其他元件,则回路图为如图 3.36 所示液压回路,回路图已被完整绘制,现准备对其进行仿真。

液压回路的完成与仿真将如图 3.36 所示的液压元件利用"油管"连接起来,软件会自动布置线路。在工具栏中单击按钮或在"执行"菜单下执行"启动"命令,或按下功能键 F9,进行液压回路的仿真运行,以检查液压回路是否正确。如图 3.37 所示为液压回路仿真运行图。电缆和液压管路的颜色具有下列含义:

①暗红色液压管路:压力大于或等于最大压力的 50%。

②黄褐色液压管路:压力小于最大压力的 50%。

③淡红色电缆:有电流流动。

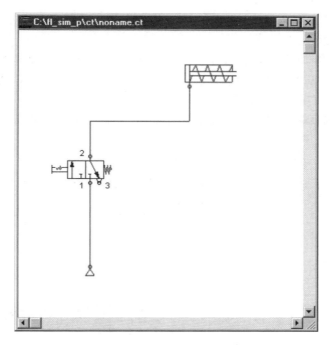

图 3.36　液压回路

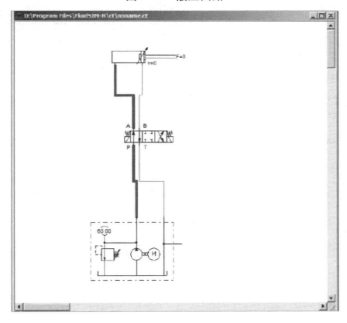

图 3.37　液压回路仿真运行图

在"选项"菜单下,执行"仿真"命令,用户可以定义颜色与状态值之间的匹配关系,暗红色管路的颜色浓度与压力相对应,其与最大压力有关。FluidSIM 软件能够区别 3 种管路颜色浓度:

①压力大于或等于最大压力的 50%,但小于最大压力的 75%。

②压力大于或等于最大压力的 75%,但小于最大压力的 90%。

③压力大于或等于最大压力 90% 压力值、流量值、电压值和电流值可在仪表上显示。

（2）电气回路的设计与仿真

电气元件的使用与液压元件的使用方法相同，但需要了解电气元件的符号。软件中的符号与电气课程的符号基本一致，连接方式与气动和液压元件的连接方式一致。在绘图区域布置电气元件与液压元件，并进行仿真运行，如图 3.38 所示。

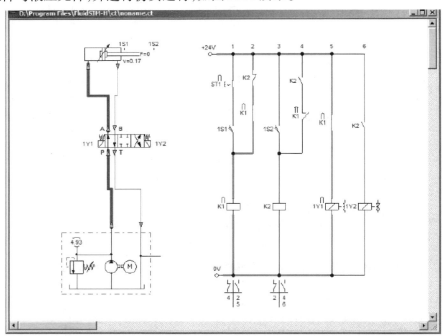

图 3.38　仿真运行效果

 **课后练习题**

问答题

3.1　常用的液压缸有哪些类型？结构上有何特点？

3.2　单杆活塞式液压缸差动连接时有何特点？

3.3　液压马达和液压泵有哪些相同点和不同点？

3.4　蓄能器有哪些类型？在液压系统中起什么作用？

3.5　过滤器分为哪些种类？绘图说明过滤器一般安装在液压系统中的什么位置？

3.6　油箱有哪些作用？

 实战训练

实训 3.1　液压缸的手动阀点动控制回路仿真搭建与调试运行

（1）实训目的

①如图 3.39 所示液压回路图，用一个三位四通手动换向阀点动控制液压缸的伸出缩回，实现液压缸可以在任意位置停留，观察油液的流向。

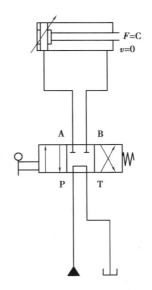

图 3.39 实训 3.1 液压回路图

②熟悉 FluidSIM-H 教学软件。FluidSIM 是一款由德国 FESTO 公司开发的专门用于液压与气压传动的教学软件,运行于 Microsoft Windows 操作系统,其中 FluidSIM-H 用于液压传动教学。该软件的绘图功能模块中含有 100 多种标准液压、电气元件,利用该模块实现液压、电气回路的设计及绘制。

如图 3.40 所示为软件界面,在新建文件后,用鼠标从左侧元件库中拖动所需的元件至右侧绘图区域中的期望位置进行元件的布置。完成元件布置后,在两个选定的油口之间可绘制油管,从而完成液压回路的搭建。用同样方法可搭建电气回路。

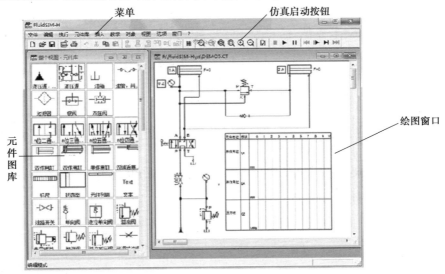

图 3.40 液压传动教学软件 FluidSIM-H 界面

当回路搭建完成后,利用系统模拟仿真功能模块可对组成液压回路的元件参数进行调节设置,从而对设计的系统准确地进行动作和工作参数的模拟及测试。

（2）实训条件

FluidSIM-H 教学软件。

（3）操作步骤

①打开计算机,运行液压教学软件 FluidSIM-H。

②单击工具栏上的"新建"按钮。

③如图 3.40 所示,用鼠标从元件图库中选择所需元件,并拖动至右侧绘图区域中,在元件选定的油口之间绘制油管,在绘图区域按图搭建回路。

④点选回路中的液压元件,通过鼠标右键菜单观看元件描述、元件图片和元件插图。

⑤仿真运行液压回路,观察回路的工作过程。

⑥完成实训考核表。

（4）实训考核表

表 3.5　实训考核表

班级			姓名		组别			日期	
实训项目 名称									
任务要求	1. 能熟练操作 FluidSIM-H 软件								
	2. 能按照液压原理图正确连接液压回路								
	3. 能按要求操作,实现此回路功能								
	4. 遵守安全操作规范,能自行解决实训过程中遇到的问题								
思考题	1. 分析液压缸工作原理								
	2. 分析此回路工作原理								
	3. 阐述实训过程中遇到的问题及解决办法								

考核评价	序号	考核内容		分值	评分标准		得分
	1	按要求正确完成各项操作		20	操作规范,操作正确		
	2	动作顺序符合要求		20	动作顺序符合要求		
	3	回路分析正确性		20	回路分析正确		
	4	团队协作		20	与他人合作有效		
	5	"7S"素养		10	实训平台干净整洁、元件分类摆放		
	6	总结内容是否有理有据		10	总结内容有理有据		
	总分						

实训 3.2　液压马达的手动控制回路仿真搭建与调试运行

(1)实训目的

通过一个三位四通手动换向阀实现控制液压马达的转动,节流阀实现转动速度的调节,观察油液的流向和流量。

(2)实训条件

FluidSIM-H 教学软件。

(3)操作步骤

①打开计算机,运行液压教学软件。

②在绘图区域按如图 3.41 所示搭建回路。

③仿真运行回路并分析系统的工作过程。

④完成实训考核表。

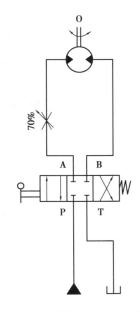

图 3.41　实训 3.2 液压回路图

(4)实训考核表

表 3.6　实训考核表

班级		姓名		组别		日期	
实训项目名称							
任务要求	1.能熟练操作 FluidSIM-H 软件						
	2.能按照液压原理图正确连接液压回路						
	3.能按要求操作,实现此回路功能						
	4.遵守安全操作规范,能自行解决实训过程中遇到的问题						

续表

思考题	1.分析液压马达的工作原理
	2.分析此回路工作原理
	3.阐述实训过程中遇到的问题及解决办法

考核评价	序号	考核内容	分值	评分标准	得分
	1	按要求正确完成各项操作	20	操作规范,操作正确	
	2	动作顺序符合要求	20	动作顺序符合要求	
	3	回路分析正确性	20	回路分析正确	
	4	团队协作	20	与他人合作有效	
	5	"7S"素养	10	实训平台干净整洁、元件分类摆放	
	6	总结内容是否有理有据	10	总结内容有理有据	
		总分			

项目 **4**
方向控制回路的应用

 项目描述

液压控制元件在液压系统中主要用来控制执行元件的运动方向、承载能力和运动速度，以满足液压执行元件不同的动作要求。而方向控制阀要能控制执行元件的运动方向，必须有其自身的结构特点。通过本项目的学习，学习者需掌握普通单向阀、液控单向阀、换向阀的结构、图形符号、工作原理及应用特点，会根据设计要求选用合适的方向控制阀搭建方向控制回路，并能对相应回路熟练安装、调试和运行。

 项目知识框架

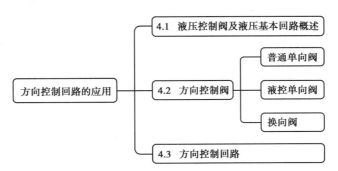

 项目引入

目前大多数汽车普遍采用"液压助力转向系统"，如图 4.1 所示，它主要通过液压系统增加外力来抵抗车的转向阻力。它在工作中由液压系统带动两个前轮进行往复运动。液压助力转向让车辆反应更加敏捷，在一定程度上提高了行车的安全性。

在液压传动系统中控制转向的元件称为方向控制阀，那么方向控制阀有哪些呢？这些元件结构是怎样的？在系统中是如何工作的呢？怎样区分这些元件？如何区分、选择这些元件？这些问题都需要通过本任务来完成。

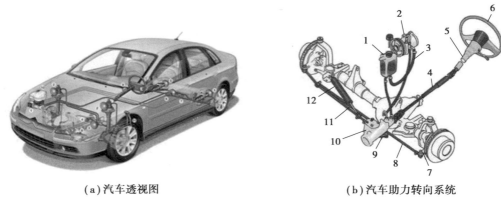

(a)汽车透视图　　　　　　　　　　　(b)汽车助力转向系统

图 4.1　汽车液压助力转向系统

1—转向油罐;2—转向油泵;3—转向油管;4—转向中间轴;5—转向轴;6—转向盘;7—转向节臂;
8—转向横拉杆;9—转向摇臂;10—整体式转向器;11—转向直拉杆;12—转向减振器

 项目分析

只要使液压油进入驱动汽车助力转向机构液压缸的不同腔,就能让液压缸带动转向机构完成往复运动。这种能够使液压油进入不同的液压缸工作油腔从而实现液压缸不同的运动方向的元件,称为换向阀。换向阀是如何改变和控制液压传动系统中油液流动的方向、油路的接通和关闭,从而改变液压系统的工作状态的呢? 转向机构在工作时,需要自动地完成往复运动,液压泵由电动机驱动后,从油箱吸油,油液进滤油器进入液压泵,油液在泵腔中从入口低压到泵出口高压,通过溢流阀、节流阀、换向阀进入液压缸左腔或者右腔,推动活塞使得转向机构向右或者向左移动。需要学习如何正确选用汽车助力转向机构的方向控制阀,学会单向阀和换向阀的结构、工作原理、特点及应用。

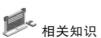 **相关知识**

4.1　液压控制阀及液压基本回路概述

液压控制阀是指在液压系统中,用于控制和调节工作液体的压力高低、流量大小以及改变流量方向的元件。液压控制阀通过对工作液体的压力、流量及液流方向的控制与调节,可以控制液压执行元件的开启、停止和换向,调节其运动速度和输出扭矩(或力矩),并对液压系统或液压元件进行安全保护等。采用各种不同的阀,经过不同形式的组合,可以满足执行元件各种动作要求。

液压控制阀在液压系统元件总量中数量最多,它的性能好坏直接影响液压系统的工作过程和工作特性,液压控制阀是保证液压系统能正常工作的重要元件。

将相关液压元件用管道连接而成的油路称为液压基本回路,以实现对执行元件方向、压力、流量的控制。常见的液压基本回路有方向控制回路、压力控制回路和速度控制回路。掌握这些基本回路的构成、特点及工作原理、基本性能和应用,是分析、设计液压传动系统的基础。

4.1.1　液压控制阀的分类

液压控制阀的类型有很多种,但不管是哪种类型的阀,都有以下基本的共同点:

①在结构上,所有的阀都由阀体、阀芯和驱动阀芯动作的元件(如电磁铁、弹簧)组成。

②所有阀口大小,阀进、出口间压差,以及流过阀的流量 q 之间的关系都符合孔口流量公式($q = CA\Delta p^{\psi}$),仅是各种阀控制的参数各不相同而已,如压力阀控制的是压力,流量阀控制的是流量等。液压阀的分类见表4.1。

表4.1　液压控制阀的分类

分类方法	种类	详细分类
按用途分	方向控制阀	单向阀、液控单向阀、换向阀
	压力控制阀	溢流阀、顺序阀、减压阀、压力继电器
	流量控制阀	节流阀、调速阀、分流阀、集流阀
按结构分	滑阀	圆柱滑阀、旋转阀、平板滑阀
	座阀	锥阀、球阀、喷嘴挡板阀
	射流管阀	射流阀
按连接方式分	管式连接	螺纹式连接、法兰式连接
	板式及叠加式连接	单层连接板式、双层连接板式、整体连接板式、叠加阀
	插装式连接	螺纹式插装、法兰式插装
按操作方式分	手动操纵	手把及手轮、踏板、杠杆
	机械操纵	挡块及碰块、弹簧
	液压(气压)操纵	液压、气动
	电动操纵	电磁铁控制、伺服电动机和步进电动机控制
按控制方式分	电液比例阀	电液比例压力阀、电源比例流量阀、电液比例换向阀、电流比例复合阀、电流比例多路阀
	伺服阀	单、两级(喷嘴挡板式、动圈式)电液流量伺服阀、三级电液流量伺服阀
	数字控制阀	数字控制压力阀、流量阀与方向阀

③各种不同的液压阀有不同的性能参数,其共同的性能参数为公称通径和额定压力。公称通径代表阀的通流能力的大小,对应阀的额定流量。与阀进、出油口相连接的油管规格应与阀的通径一致。阀工作时的实际流量应小于或等于其额定流量,最大不得大于额定流量的1.1倍。额定压力是液压阀长期工作所允许的最高工作压力。换向阀实际最高工作压力可能受其功率极限的限制,而压力控制阀实际最高工作压力有时与阀的调压范围有关。

4.1.2　选用液压控制阀的基本要求

液压传动系统对液压控制阀的基本要求如下所述。

①动作灵敏,使用可靠,工作时冲击和振动小,寿命长。
②阀口全开时,油液流过的压力损失小;阀口关闭时,密封性能要好,无外泄漏。
③所控制的参数(压力或流量)要稳定,受外界干扰时变化量要小。
④结构紧凑,安装、调整、使用、维护方便,通用性好。

4.2 方向控制阀

方向控制阀主要用来控制液压系统中各油路的通、断或改变油液流动方向。它分为单向阀和换向阀两类。

4.2.1 普通单向阀

普通单向阀是一种控制油液只能按一个方向流动、反向截止的元件,简称单向阀或止回阀。如图4.2所示,它由阀体1、阀芯2、弹簧3等零件组成。当压力油从进油口 P_1 输入时,油液克服弹簧3的作用力,顶开阀芯2,并经阀芯2上4个径向孔 a 及轴向孔 b,从出油口 P_2 输出。当液流反向流动时,在弹簧和压力油的作用下,阀芯锥面紧压在阀体1的阀座上,油液不能通过。如图4.2(b)所示为板式连接单向阀,其进、出油口开在底平面上,用螺钉将阀体固定在连接板上,其工作原理和管式连接单向阀相同。如图4.2(c)所示为普通单向阀的图形符号。

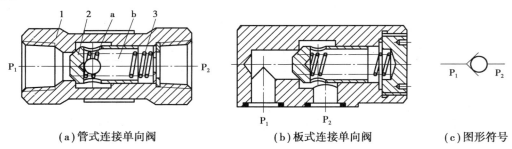

(a)管式连接单向阀   (b)板式连接单向阀   (c)图形符号

图4.2 普通单向阀

1—阀体;2—阀芯;3—弹簧;a—径向孔;b—轴向孔

普通单向阀的弹簧主要用来克服阀芯运动时的摩擦力和惯性力。为了使单向阀工作灵敏可靠,应选用较软的弹簧,以免液流产生过大的压力降。一般单向阀的开启压力为0.035~0.05 MPa,额定流量通过时的压力损失不超过0.1 MPa。如果换成较硬的弹簧可作背压阀使用,使回油保持一定的背压。

对单向阀的主要性能要求:当油液从单向阀正向通过时阻力要小(压力降小);而反向截止时无泄漏,阀芯动作灵敏,工作时无撞击和噪声。

为了防止系统压力冲击影响泵的正常工作或防止泵不工作时系统的油液倒流经泵回箱,普通单向阀常安装在泵的出口,或安装在执行元件的回油路上作背压阀使用。作背压阀使用时开启压力一般为0.2~0.6 MPa,常与某些阀组合成一体,称为组合阀或称复合阀,如单向顺序阀(平衡阀)、可调单向节流阀、单向调速阀等。

4.2.2　液控单向阀

液控单向阀具有良好的单向密封性,常用于执行元件需长时间保压、锁紧的情况下,也常用于防止立式液压缸停止运动时因自重而下滑的锁紧回路中,这种阀也称为液压锁,广泛应用于保压和同步回路中。

液控单向阀的结构如图 4.3(a)所示,它与普通单向阀相比,增加了一个控制油口 K。当控制油口 K 处无压力油通入时,液控单向阀起普通单向阀的作用,主油路上的压力油只能经 P_1 口输入,P_2 口输出,不能反向流动。当控制油口 K 通入压力油时,活塞 1 的左侧受压力油的作用,右侧 a 腔与泄油口相通,于是活塞 1 向右移动,通过顶杆 2 将阀芯 3 打开,使进、出油口接通,油液可以双向流动。此时控制油口 K 处的油液与进、出油口不通。

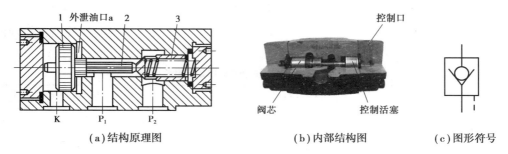

（a）结构原理图　　　　　（b）内部结构图　　　　（c）图形符号

图 4.3　液控单向阀

1—控制活塞;2—顶杆;3—阀芯

4.2.3　换向阀

（1）换向阀的作用

换向阀的作用是变换阀芯在阀体内的相对工作位置,从而改变阀体上各阀口的连通或断开状态,使油路接通、关断或改变液流的方向,从而控制执行元件的换向或启停。

（2）换向阀的工作原理

滑阀式换向阀在液压系统中应用广泛,本项目主要介绍滑阀式换向阀。换向阀的工作原理如图 4.4 所示。在图示状态下,液压缸两腔不通压力油,活塞处于停止状态。当阀芯左移,油口 P 和 A 口连通、B 和 T_2 连通,则压力油经 P,A 进入液压缸左腔,液压缸右腔的油液经 B,T 流回油箱,活塞向右运动;当阀芯右移,油口 P 和 B 口连通、A 和 T_1 连通,活塞向左运动。

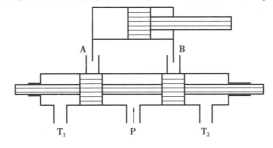

图 4.4　换向阀工作原理

A,B—工作口;P—进油口;T_1,T_2—接油箱

59

（3）换向阀的图形符号

一个换向阀完整的图形符号包括工作位置数、通路数、在各个位置上油口连通关系、操纵方式、复位方式和定位方式等。

换向阀图形符号的含义如下：

①用方框表示阀的工作位置，有几个方框就表示有几"位"。

②方框内的箭头表示在这一位置上油路处于接通状态，但箭头方向并不一定表示油流的实际流向。

③方框内符号"┳"或"┻"表示此通路被阀芯封闭，即此油路不通。

④一个方框的上边和下边与外部连接的接口（油口）数是几个，就表示几"通"。

⑤一般情况下，阀与系统供油路连接的进油口用字母 P 表示；阀与系统回油路连接的回油口用字母 T 表示（有时用字母 O）；而阀与执行元件连接的工作油口则用字母 A，B 等表示。有时在图形符号上还表示出泄漏油口，用字母 L 表示。表4.2 为常用换向阀的结构原理图和图形符号。

表4.2 常用换向阀的结构原理图和图形符号

名称	结构原理图	图形符号
二位二通	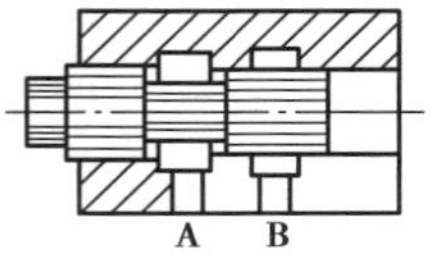	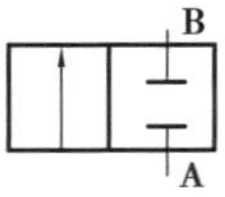
二位三通	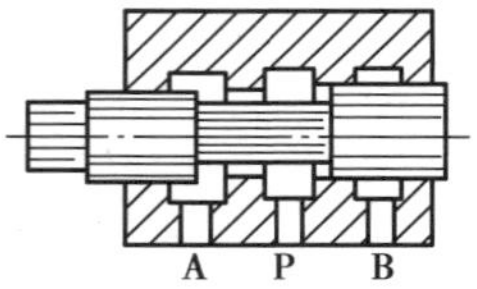	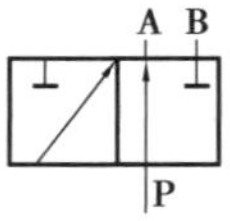
二位四通	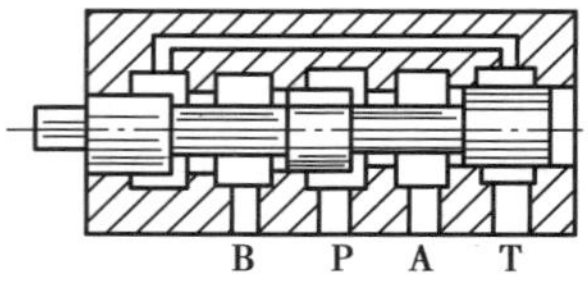	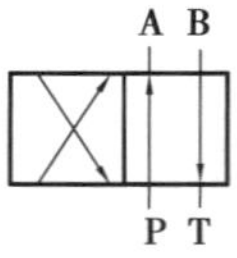
三位四通	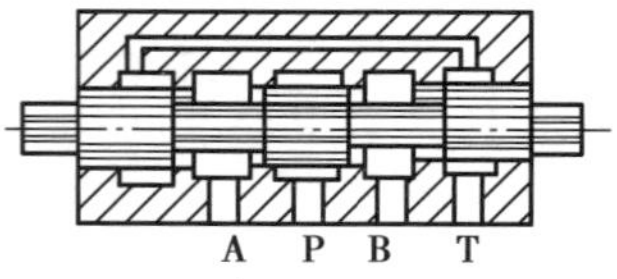	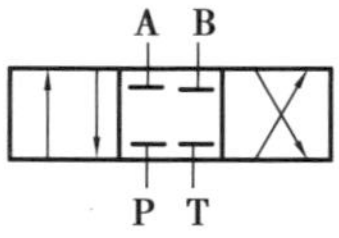

换向阀都有两个或两个以上的工作位置，其中有一个是常态位，即阀芯未受到外部作用时所处的位置。图形符号中的中位是三位阀的常态位。利用弹簧复位的二位阀则以靠近弹簧符号的一个方框内的通路状态为其常态位。在绘制液压系统图时，油路一般应连接在换向阀的常态位。

（4）换向阀的分类

换向阀的分类方式有很多种,一般按换向阀阀芯的运动方式、操纵方式、工作位置数和通路数等特征进行分类。具体分类见表4.3。

表4.3 换向阀的分类

分类方式	名称
按阀的控制方式不同	手动、机动、电磁动、液动、电液动
按阀的通路数	二通、三通、四通、五通
按阀的安装方式	管式、板式、叠加式、插装式、法兰式
按阀芯运动方式不同	滑阀、转阀、锥阀、座阀
按阀芯位置不同	二位、三位

换向阀常用的操纵阀芯运动的方式图形符号如图4.5所示。

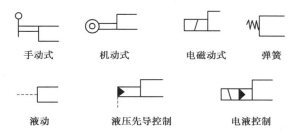

图4.5 换向阀操纵方式符号

（5）换向阀的中位机能

换向阀的中位机能是指三位换向阀的阀芯在中间位置时,如果各通口间采用不同的连通方式,则可满足不同的使用要求,这种连通方式也称为滑阀机能。常见三位四通换向阀的中位机能见表4.4。

在选用时要根据不同的工作要求,考虑阀在中位时执行元件的换向精度,换向与启动的平稳性,是否需要卸荷,是否对其他支路供油等因素综合确定。通常考虑以下几点:

①系统保压。当 P 口被堵塞,系统保压,液压泵能用于多缸系统;当 P 口不太通畅地与 T 口接通时(如 X 型),系统能保持一定的压力供控制油路使用。

②系统卸荷。P 口通畅地与 T 口接通时,系统卸荷。

③启动平稳性。阀在中位时,液压缸某腔如通油箱,则启动时该腔内因无足够油液起缓冲作用,启动不平稳。

④换向平稳性与精度。当液压缸 A,B 两口都堵塞时,换向过程中易产生液压冲击,换向不平稳,但换向精度高;反之,A,B 两口都通 T 口时,换向过程中工作部件不易制动,换向精度低,但液压冲击小。

⑤液压缸"浮动"和在任意位置上的停止。阀在中位时,当 A,B 两口互通时,卧式液压缸呈"浮动"状态,可利用其他机构移动工作台,调整其位置。当 A,B 两口堵塞或与 P 口连接(在非差动情况下),则可使液压缸在任意位置处停下来。

表 4.4　常见三位四通换向阀的中位机能

类型	结构原理图	图形符号	中位油口状况、特点及应用
O			A,B,P,T 4 个油口全部封闭,缸两腔封闭,系统不卸荷。液压缸充满油,从静止到启动平稳;制动时运动惯性引起液压冲击大;换向位置精度高
H			A,B,P,T 4 个油口全部连通,系统卸荷,缸成浮动状态。液压缸两腔接油箱,从静止到启动油冲击;制动时油口互连,制动较 O 型平稳;换向位置变动大
P			压力 P 与缸两腔连通,可形成差动回路,回油口封闭。从静止到启动较平稳;制动时缸两腔均接压力油,制动平稳;换向位置变动比 H 型的小,应用广泛
X			各油口半开启连通,P 口保持一定的压力;换向性能介于 O 型与 H 型之间
Y			油泵保压,缸两腔通回油,缸呈浮动状态。缸两腔接油箱,从静止到启动有冲击,制动性能介于 O 型与 H 型之间
M			油泵卸荷,缸两腔封闭。从静止到启动较平稳;制动性能与 O 型相同;可用于油泵卸荷液压缸锁紧回路中
K			油泵卸荷,液压缸一腔封闭一腔接回油。两个方向换向时性能不同

(6)几种常见的换向阀

1)手动换向阀

手动换向阀是利用手动杠杆来改变阀芯位置实现换向的,阀芯在阀体内的定位形式有两种:一种是弹簧钢球定位式;另一种是弹簧自动复位式。如图 4.6(b)所示的弹簧自动复位式手动换向阀的结构,扳住手柄 1 不放,即可使阀芯 2 处于左或右端位置;放开手柄 1,阀芯 2 将在弹簧 3 的作用下自动回复中位。该阀适用于操作比较完全、动作频繁、工作持续时间短的场合。如图 4.6(a)所示为其图形符号图。

如果将该阀阀芯右端弹簧 3 的部位改为可自动定位的结构形式,即成为可在 3 个位置定位的手动换向阀。

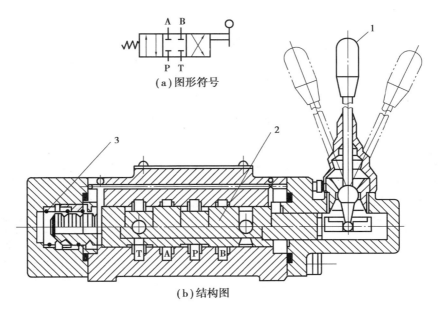

(a)图形符号

(b)结构图

图 4.6 自动复位式手动换向阀

1—手柄;2—阀芯;3—弹簧

2)机动换向阀

机动换向阀主要用来控制机械运动部件的行程,又称为行程阀。这种阀必须安装在液压缸附近,在液压缸驱动工作的行程中,装在工作部件一侧的挡块或凸轮移动到预定位置时就压下阀芯,使阀换位。如图 4.7 所示为二位三通机动换向阀的结构原理和图形符号。如图 4.7(a)所示在图示位置阀芯 2 被弹簧 1 压向上端,油腔 P 和 A 通,B 口关闭。当挡铁压住滚轮,使阀芯 2 移动到下端时,就使油腔 P 和 A 断开,P 和 B 接通,A 口关闭。若改变挡铁斜面的斜角(或改变凸轮的外廓形状),便可使滑阀获得所需的移动速度,最大限度减少换向时系统中的液压冲击和噪声。如图 4.7(b)所示为其图形符号。

3)电磁换向阀

电磁换向阀是利用电磁铁的吸力控制阀芯换位的换向阀。其操作方便,布局灵活,有利于提高设备的自动化程度,应用较广泛。但电磁铁吸力有限(小于 120 N),该阀只适用于流量不太大的场合。

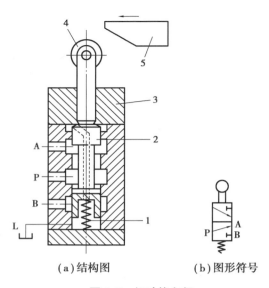

（a）结构图　　　　（b）图形符号

图 4.7　机动换向阀

1—弹簧;2—阀芯;3—阀体;4—滚轮;5—挡铁

电磁换向阀由换向滑阀和电磁铁两部分组成。电磁铁所用电源不同,分为交流电磁铁和直流电磁铁。交流电磁铁常用电压为 220 V 和 380 V,不需要特殊电源,电磁吸力大,换向时间短(0.01 ~ 0.03 s),但换向冲击大、噪声大、发热大、换向频率不能太高(30 次/min),寿命较低。若阀芯被卡住或电压低,电磁吸力小衔铁未动作,其线圈很容易烧坏。常用于换向平稳性要求不高、换向频率不高的液压系统。直流电磁铁的工作电压一般为 24 V,其换向平稳,工作可靠,噪声小,发热少,寿命高,允许使用的换向频率可达 120 次/min。其缺点是启动力小,换向时间较长(0.05 ~ 0.08 s),且需要专门的直流电源,成本较高。常用于换向性能要求较高的液压系统。近年来出现一种自整流型电磁铁。这种电磁铁上附有整流装置和冲击吸收装置,使衔铁的移动由自整流直流电控制,使用很方便。

电磁铁按衔铁工作腔是否有油液,可分为"干式"和"湿式"。干式电磁铁不允许油液流入电磁铁内部,必须在滑阀和电磁铁之间设置密封装置,而在推杆移动时产生较大的摩擦阻力,易造成油的泄漏。湿式电磁铁的衔铁和推杆均浸在油液中,运动阻力小,且油还能起到冷却和吸振作用,从而提高换向的可靠性及使用寿命。

如图 4.8 所示为二位三通干式交流电磁换向阀。图 4.8(a)所示左边为一交流电磁铁,右边为滑阀。当电磁铁不通电时(图示位置),其油口 P 与 A 连通;当电磁铁通电时,衔铁 1 右移,通过推杆 2 使阀芯 3 推压弹簧 4 并向右移至端部,其油口 P 与 B 连通,而 P 与 A 断开。

如图 4.9(a)所示为三位四通直流湿式电磁换向阀结构图。阀的两端各有一个电磁铁和一个对中弹簧。当右端电磁铁通电时,右衔铁 1 通过推杆 2 将阀芯 3 推至左端,阀右位工作,其油口 P 通 A,B 通 T;当左端电磁铁通电时,阀左位工作,其阀芯移至右端,油口 P 通 B,A 通 T。

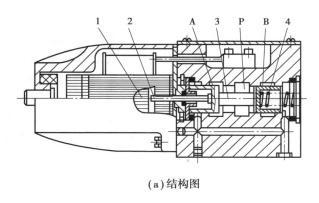
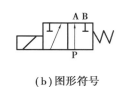

（a）结构图　　　　　　　　　（b）图形符号

图 4.8　二位三通干式交流电磁换向阀

1—衔铁；2—推杆；3—阀芯；4—弹簧

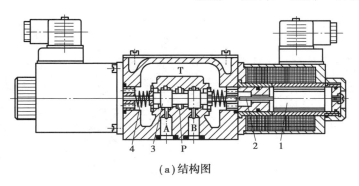
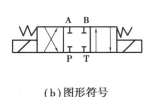

（a）结构图　　　　　　　　　（b）图形符号

图 4.9　三位四通直流湿式电磁换向阀

1—衔铁；2—推杆；3—阀芯；4—弹簧

4）液动换向阀

液动换向阀利用控制油路的作用力控制阀芯改变工作位置，实现换向。液动换向阀适用于大流量（阀的通径大于 10 mm）换向（阀芯行程长）的场合。如图 4.10（a）和图 4.10（b）所示分别为三位四通液动换向阀的结构和图形符号。阀芯根据其两端密封腔中油液的压差来移动。当控制油口 K_1，K_2 均不通入控制压力油时，阀芯在复位弹簧的作用下处于中位，此时，油口 A，B，T 相通，P 油口封闭；当控制油路的压力油从阀右边的控制油口 K_2 进入滑阀右腔时，K_1 接通回油，阀芯向左移动，使压力油口 P 与 B 相通，A 与 T 相通；反之，当 K_1 接通控制压力油时，K_2 接通回油，阀芯向右移动，这时 P 与 A 相通，B 与 T 相通。

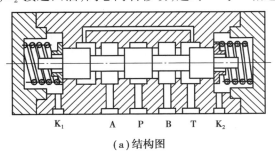
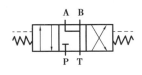

（a）结构图　　　　　　　　　（b）图形符号

图 4.10　液动换向阀

5)电液换向阀

电液换向阀是由电磁换向阀和液动换向阀组合而成。液动换向阀实现主油路的换向,称为主阀;电磁换向阀改变液动阀控制油路的方向,从而改变液动滑阀阀芯的位置,称为先导阀。由于操纵液动滑阀的液压推力可以很大,所以主阀芯的尺寸可以做得很大,允许有较大的油液流量通过。这样用较小的电磁铁就能控制较大的液流。如图 4.11(a)所示,其工作过程如下:当电磁铁 4,6 均不通电时,P,A,B,T 各口互不相通。当电磁铁 4 通电时,控制油通过电磁阀左位经单向阀 2 作用于液动阀阀芯的左端,阀芯 1 右移,右端回油经节流阀 7、电磁阀右端流回油箱,这时主阀左位工作,即主油路 P,A 口畅通,B,T 连通。同理,当电磁铁 6 通电,电磁铁 4 断电时,电磁先导阀右位工作,则主阀右位工作。这时主油路 P,B 口畅通,A,T 口连通(主阀中心通孔)。阀中的两个节流阀 3,7 用来调节液动阀阀芯的移动速度,并使其换向平稳。如图 4.11(b)所示为图形符号,如图 4.11(c)所示为其简化后的图形符号。

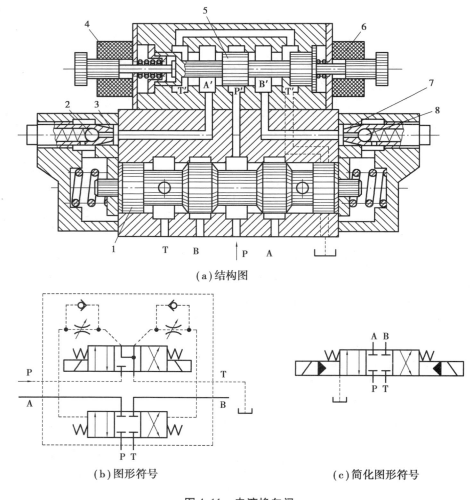

(a)结构图

(b)图形符号 (c)简化图形符号

图 4.11 电液换向阀
1—液动阀阀芯;2—单向阀;3—节流阀;4—电磁铁;
5—电磁阀阀芯;6—电磁铁;7—节流阀;8—单向阀

4.3　方 向 控 制 回 路

在液压系统中,执行元件的启动、停止、改变运动方向是通过控制元件对液流实行通、断、改变流向来实现的,这些回路称为方向控制回路。方向控制回路是液压系统最基本的回路,任何液压系统都离不开方向控制回路。常见的方向控制回路包括换向回路、启停回路、锁紧回路和浮动回路。

4.3.1　换向回路

换向回路用于控制液压系统的油流方向,从而改变执行元件的运动方向。要求换向回路具有较高的换向精度、换向灵敏度和换向平稳性。运动部件的换向多采用电磁换向阀实现。在容积调速的闭式回路中,利用变量泵控制油流方向实现液压缸换向。

工程中常采用二位四通、三位四通、三位五通电磁换向阀进行换向。如图 4.12 所示为利用三位四通电磁换向阀动作的换向回路。当三位四通换向阀左位工作时,液压缸活塞向右运动;当换向阀中位工作时,活塞停止运动;当换向阀右位工作时,活塞向左运动。同样,采用 M 型换向阀也可实现油路的通与断。

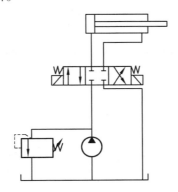

图 4.12　利用三位四通电磁换向阀的换向回路

利用双向泵旋转方向的改变来改变液流的方向,实现缸的运动方向的改变。液压泵可以是变量泵或定量泵。

如图 4.13 所示为双向变量泵方向控制回路,为了补偿在闭式液压回路中单杆液压缸两侧油腔的油量差,采用了一个蓄能器。当活塞向下运动时,蓄能器放出油液以补偿泵吸油量的不足。当活塞向上运行时,压力油将液控单向阀打开,使液压缸上腔多余的回油流入蓄能器。

如图 4.14 所示为差动缸回路。当二位三通换向阀左位工作时,液压缸活塞快速向左移动,构成差动回路;当换向阀右位工作时,活塞向右移动。

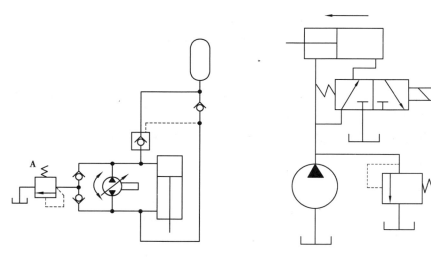

图 4.13　双向变量泵方向控制回路　　　　图 4.14　差动缸回路

4.3.2　启停回路

如图 4.15(a)所示回路,用二位二通换向阀控制液流的通与断,以控制执行机构的运动与停止。图示位置时,油路接通;当电磁铁通电时,油路断开,泵的排油经溢流阀流回油箱。但泵输出的压力油从溢流阀回油箱,泵压较高,消耗功率较大,不经济。如图 4.15(b)所示为在切断压力油源的同时,泵输出的油液经二位三通电磁阀回油箱,使泵在很低的压力工况下运转(称为卸荷)。上述回路中,因换向阀要通过全部流量,故一般只适用于小流量系统。

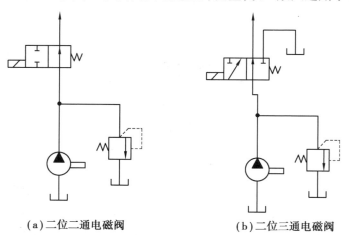

(a)二位二通电磁阀　　　　　　(b)二位三通电磁阀

图 4.15　启停回路

4.3.3　锁紧回路

锁紧回路的作用是使油泵停止运转处于卸荷状态时,油缸活塞能停在任意位置上,防止因外界因素而发生漂移或窜动。最简单的锁紧方法是利用三位换向阀的 M 型或 O 型中位机能(图 4.16)封闭液压缸两腔,但由于滑阀式换向阀不可避免地存在泄漏,所以这种锁紧方法不够可靠。

如图 4.17 所示为液控单向阀锁紧回路。在液压缸两侧油路上串接液控单向阀(也称液压锁),换向阀处中位时,液控单向阀关闭液压缸两侧油路,活塞被双向锁紧,左右都不能窜动。液控单向阀的密封性能好,即使在外力作用下,活塞也不会移动,能长时间地将活塞准确地锁紧在停止位置。

为了保证锁紧效果,采用液控单向阀的锁紧回路,换向阀应选择 H 型或 Y 型中位机能,使液压缸停止时,液压泵缸,液控单向阀才能迅速起锁紧作用。这种回路常用于汽车起重机的支腿油路、飞机起落架,也用于矿山采掘机械等大型设备的锁紧回路。

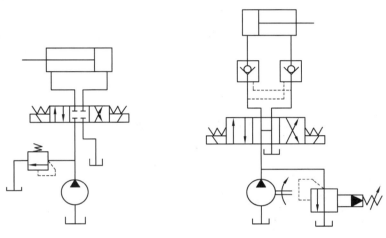

图 4.16　换向阀 O 型中位机能的锁紧回路　　图 4.17　利用液控单向阀锁紧回路

4.3.4　浮动回路

浮动回路与锁紧回路相反,它是将执行元件的进、回油路连通或同时接回油箱,使之处于无约束的浮动状态,在外力的作用下执行元件仍可运动。利用三位四通换向阀的中位机能(Y 型或 H 型)就可实现执行元件(单活塞杆缸)的浮动,如图 4.18(a)所示。液压马达(或双活塞杆缸)也可用二位二通换向阀将进、回油路直接连通实现浮动,如图 4.18(b)所示。

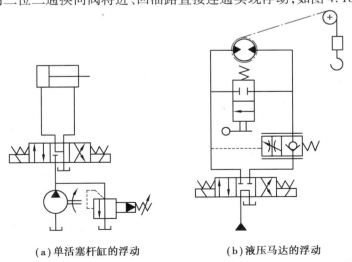

(a)单活塞杆缸的浮动　　　　　　　(b)液压马达的浮动

图 4.18　浮动回路

69

课后练习题

问答题

4.1　液压控制阀的作用是什么？有哪些类型？

4.2　普通单向阀和液控单向阀的作用、组成和工作原理、图形符号分别是什么？

4.3　普通单向阀能否作背压阀使用？背压阀的开启压力一般是多少？

4.4　何谓换向阀的"位"与"通"？画出三位四通电磁换向阀、二位三通机动换向阀及三位五通电液换向阀的图形符号。

4.5　何谓中位机能？画出 O 型、M 型和 P 型中位机能，并说明各适用的场合。

4.6　二位四通换向阀能否作二位三通阀和二位二通阀使用？具体如何连接？

实战训练

实训4.1　二位三通换向阀的换向回路安装与调试运行

（1）**实训目的**

①能用基本元件组成基本回路进行动作实验。

②掌握二位三通换向阀的功用及工作原理。

③能根据需要设计和组装相应的液压回路。

（2）**实训条件**

压力表、单作用油缸、二位三通电磁换向阀、溢流阀。

（3）**实训要求**

①实训前认真预习，掌握相关液压基本回路的工作原理，对其结构组成有一个基本的认识。

②选择相应的液压元件，严格按照实训步骤进行，严禁违反操作规程私自进行组装。

③实训中掌握液压基本回路的结构组成、工作原理，记录有关的现象以及数据，认真准确填写实训报告。

（4）**实训内容**

在实训老师的指导下，严格按照实训步骤，组装以下液压回路，并记录有关的现象以及数据。

如图 4.19 所示，单作用液压缸的伸出与缩回动作可以由二位三通电磁换向阀来进行转换。当换向阀在左位时，单作用液压缸可以由外力作用缩回动作；当换向阀在右位时，油液通过换向阀进入液压缸的无杆腔，液压缸在液压油的作用下伸出动作。此回路多在汽车维修的升降台或独立升降舞台的回路中应用。

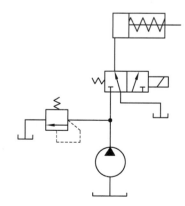

图 4.19　二位三通换向阀的换向回路

（5）**实训步骤**

①按照实训回路图的要求，取出要用的液压元件，检查型号是否正确。

②将检查完毕、性能完好的液压元件安装在实验台面板合理位置。通过快换接头和液压

软管按回路要求连接。

③启动液压泵并空载运行 5 min,放松溢流阀,调节溢流阀压力为 2 MPa。

④给换向阀通电,使其工作位置在右位,然后突然断电,观察液压缸的动作并做好记录。

⑤换向阀在左位时,给液压缸一个外力 F,观察各元件的动作并做好记录。

⑥试验完毕,把液压泵卸荷,然后按照顺序拆解回路。

观察实训中液压缸在换向阀不同工作位置时的动作,记录并填写实训考核表。

(6)实训考核表

表 4.5　实训考核表

班级		姓名		组别		日期	
实训项目 名称							
任务要求	1.能正确分析二位三通换向阀的工作原理						
	2.能按照液压原理图正确连接液压回路						
	3.能按要求操作,实现此回路功能						
	4.遵守安全操作规范,能自行解决实训过程中遇到的问题						
思考题	1.分析二位三通换向阀的工作原理						
	2.分析此回路的工作原理						
	3.阐述实训过程中遇到的问题及解决办法						

考核评价	序号	考核内容	分值	评分标准	得分
	1	按要求正确完成各项操作	20	操作规范,操作正确	
	2	液压回路实现的动作是否符合要求	20	本液压回路实现的动作符合要求	
	3	回路分析正确性	20	回路分析正确	
	4	团队协作	20	与他人合作有效	
	5	"7S"素养	10	实训平台干净整洁、元件分类摆放	
	6	总结内容是否有理有据	10	总结内容有理有据	
		总分			

实训 4.2 液控单向阀的锁紧回路安装与调试运行

(1) 实训目的

① 掌握液控单向阀的功用及工作原理。

② 用液控单向阀的双向闭锁回路使执行元件在任意位置上停止及防止其停止后窜动。

③ 能根据需要设计和组装相应的液压回路。

(2) 实训内容

在如图 4.20(a) 所示位置时,液压泵输出油液通过换向阀回油箱,系统无压力,液控单向阀 A,B 关闭,液压缸两腔均不能回油,于是,活塞被双向锁紧。要使活塞向右运动,则需换向阀 DT1 通,在左位接入系统,压力油经单向阀 A 进入液压缸左腔,同时进入液控单向阀 B 的控制油口 K,打开阀 B,液压缸右腔回油可经阀 B 及换向阀回油箱,活塞便向右运动;反之向左。液控单向阀的密封性好,锁紧效果较好。

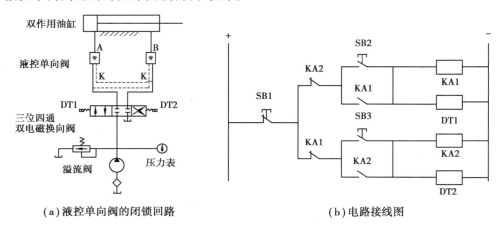

(a) 液控单向阀的闭锁回路　　　　　　(b) 电路接线图

图 4.20　实训 4.2 液控单向阀的锁紧回路

(3) 实训所需元件

压力表、双作用油缸、液控单向阀、三位四通双电磁换向阀、溢流阀。

(4) 实训步骤

① 按照实验回路图的要求,取出要用的液压元件,检查型号是否正确。

② 将检查完毕、性能完好的液压元件安装在实验台面板的合理位置上。通过快换接头和液压软管按回路要求连接。

③ 启动液压泵并空载运行 5 min,放松溢流阀,调节溢流阀压力为 2 MPa。

④ 给换向阀通电,使其工作位置分别为左、右位,然后突然断电,观察液压缸的动作并做好记录。

⑤ 换向阀在中位停止时,给液压缸一个外力 F,观察各元件的动作并做好记录。

⑥ 实验完毕,把液压泵卸荷,然后按照顺序拆解回路。

观察实训中各元件的动作,记录并填写实训考核表。

(5) 实训考核表

表 4.6   实训考核表

班级		姓名		组别		日期	
实训项目名称							
任务要求	1. 能正确分析液控单向阀的工作原理						
	2. 能按照液压原理图正确连接液压回路						
	3. 能按要求操作,实现此回路功能						
	4. 遵守安全操作规范,能自行解决实训过程中遇到的问题						
	1. 分析液控单向阀的工作原理						
	2. 分析此回路的工作原理						
	实训过程中遇到的问题及解决办法						

考核评价	序号	考核内容	分值	评分标准	得分
	1	按要求正确完成各项操作	20	操作规范,操作正确	
	2	液压回路实现的动作是否符合要求	20	本液压回路实现的动作符合要求	
	3	回路分析正确性	20	回路分析正确	
	4	团队协作	20	与他人合作有效	
	5	"7S"素养	10	实训平台干净整洁、元件分类摆放	
	6	总结内容是否有理有据	10	总结内容有理有据	
		总分			

项目 5
压力控制回路的应用

项目描述

压力控制阀在液压系统中主要用于控制液压系统中油液的压力。通过本项目的学习,学习者需掌握溢流阀、减压阀、顺序阀、压力继电器的结构、图形符号、工作原理及应用特点,会根据设计要求选用合适的压力控制阀搭建压力控制回路,并能对相应回路熟练地进行安装、调试和运行。

项目知识框架

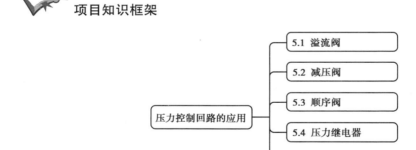

项目引入

如图 5.1 所示为矿井架空人车驱动装置,它是一种煤矿辅助运输装置,主要用于煤矿井下人员和材料的输送。其工作原理是将钢丝绳安装在驱动轮、托绳轮、压绳轮、迂回轮上并经张紧装置拉紧后,由驱动装置输出动力带动驱动轮转动,驱动轮通过摩擦带动钢丝绳在驱动轮和迂回轮之间循环运行,从而实现矿工或物料输送。矿井架空人车减少了矿工上下井的时间及工作强度。车的运行速度可达到 3.6 m/s 以上(传统的矿井架空人车平均速度只有 1.3 m/s 左右),对其速度调节以及启动与制动有较高要求。矿井架空人车需实现软启动、软制动和速

度可调,其驱动装置如图 5.1 所示,其主回路液压原理如图 5.2 所示。

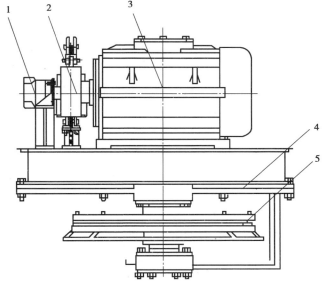

图 5.1　矿井架空人车驱动装置

1—液压马达;2—液力制动器;3—减速器;4—驱动轮支架;5—驱动轮

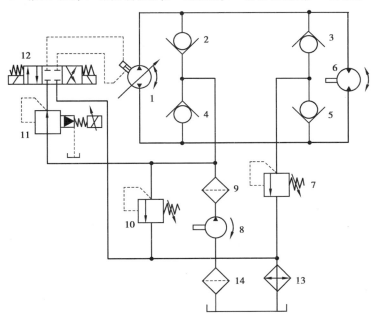

图 5.2　主回路液压原理

1—双向变量泵;2,3,4,5—单向阀;6—双向定量马达;7,10—溢流阀;8—补油泵;

9,14—过滤器;11—电液比例减压阀;12—电磁换向阀;13—冷却器

 **项目分析**

1.如何确保液压系统满足不同的压力需求?

2.溢流阀的作用有哪些?

3.常用的压力回路有哪些?

 相关知识

压力控制阀在液压系统中,主要用来控制系统或回路的压力,或利用压力作为信号来控制其他元件的动作。这类阀工作原理的共同特点是利用作用在阀芯上的液压力与弹簧力相平衡来进行工作。根据在系统中的功用不同,压力控制阀可分为溢流阀、减压阀、顺序阀和压力继电器等。

5.1 溢流阀

溢流阀是液压传动系统十分重要的一个压力控制阀,它通过阀口溢流,使被控制系统或回路的压力维持恒定,实现调压、稳压和限压等功能。对溢流阀的主要性能要求:调压范围大,调压偏差小,工作平稳,动作灵敏,通流能力大,噪声小等。

根据结构和工作原理不同,溢流阀分为直动式溢流阀和先导式溢流阀。直动式溢流阀用于低压系统,先导式溢流阀用于中、高压系统。

5.1.1 直动式溢流阀

直动式溢流阀的结构原理如图5.3(a)所示,阀芯3在弹簧2的作用下处于下端位置。油

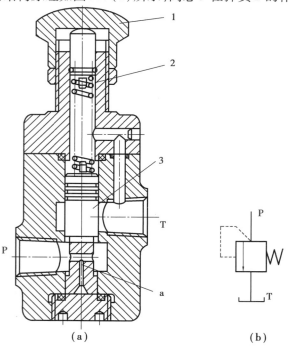

(a)   (b)

图5.3 直动式溢流阀

1—螺帽;2—弹簧;3—阀芯

液从进油口 P 进入,通过阀芯 3 上的小孔 a 进入阀芯底部,产生向上的液压推力 F。当液压力 F 小于弹簧力时,阀芯 3 不移动,阀口关闭,油口 P,T 不通。当液压力超过弹簧力时,阀芯上升,阀口打开,油口 P,T 相通,溢流阀溢流,油液便从出油口 T 流回油箱,从而保证进口压力基本恒定,系统压力不再升高。调节弹簧的预压力,便可调整溢流压力。扭动螺帽 1 可改变弹簧 2 的压紧力,从而调整溢流阀的工作压力。如图 5.3(b)所示为其图形符号。

直动式溢流阀由于采用了阀芯上设阻尼小孔的结构,因此可避免阀芯动作过快时造成的振动,提高了阀工作的平稳性。但这类阀用于高压、大流量时,需设置刚度较大的弹簧,且随着流量变化,其调节后的压力 p 波动较大,这种阀只适用于系统压力较低、流量不大的场合。直动式溢流阀最大调整压力一般为 2.5 MPa。

5.1.2 先导式溢流阀

先导式溢流阀的结构原理和图形符号如图 5.4 所示。这种阀的结构分为两部分,左边是主阀部分,右边是先导阀部分。该阀的特点是利用主阀阀芯 6 左右两端受压表面的作用力差与弹簧力相平衡来控制阀芯移动。压力油通过进油口进入 P 腔后,再经孔 e 和孔 f 进入阀芯的左腔,同时油液经阻尼小孔 d 进入阀芯的右腔并经孔 c 和孔 b 作用于先导调压阀锥阀 4 上,与弹簧 3 的弹簧力平衡。当系统压力 p 较低时,锥阀 4 闭合,主阀阀芯 6 左右腔压力近乎相等,溢流口关闭,P,T 不通,主阀阀芯在弹簧 5 的作用下处于最左端。当系统压力升高并大于先导阀弹簧 3 的调定压力时,锥阀 4 被打开,主阀阀芯右腔的压力油经锥阀 4、小孔 a、回油腔 T 流回油箱。这时由于主阀阀芯 6 的阻尼小孔 d 的作用产生压降,所以,阀芯 6 右腔的压

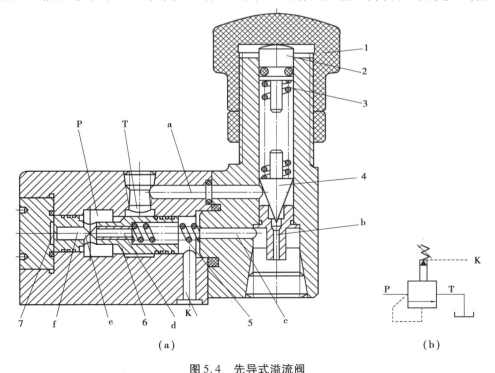

图 5.4 先导式溢流阀

1—调节螺帽;2—弹簧座;3—弹簧;4—锥阀;5—弹簧;6—阀芯;7—阀座;

P—进油腔;T—回油腔;K—远程调压或卸荷

力低于左腔的压力,当阀芯6左右两端压力差超过弹簧5的作用力时,阀芯向右推,进油腔P和回油腔T接通,实现溢流作用。调节螺帽1,可通过弹簧座2调节调压弹簧3的压紧力,从而调定液压系统的压力。阀的开启压力与调压弹簧的预紧力和先导阀阀口面积有关,调节调压弹簧的预紧力即可获得不同的进口压力。调压弹簧须直接与进口压力作用于先导阀上的力相平衡,则弹簧刚度大;而主阀的平衡弹簧只用于主阀阀芯的复位,则弹簧刚度小。

先导式溢流阀在工作时,由于先导阀调压,主阀溢流,溢流口变化时平衡弹簧预紧力变化小,因此,进油口压力受溢流量变化的影响不大,其压力流量特性优于直动式溢流阀。先导式溢流阀广泛应用于高压、大流量和调压精度要求较高的场合,其额定压力为6.3 MPa。但先导式溢流阀是二级阀,其灵敏度和响应速度比直动式溢流阀低。

先导式溢流阀有一外控口K,与主阀上腔相通,如通过管路与其他阀相通,可实现远程调压、多级调压和卸荷等功能。

5.1.3　溢流阀的应用及其回路

在液压系统中,溢流阀主要用于调定系统压力,使系统压力在一个稳定值。溢流阀还可以用于调压溢流、远程调压、安全保护、背压、卸荷等。

(1)调压溢流

系统中执行设备的速度和负荷是变化波动的,这势必造成系统流量和压力的波动,而系统常采用定量泵供油,进油时,会造成供需不平衡。为了解决这个问题,常在其进油路或回油路上设置节流阀或调速阀,使多余的油经溢流阀流回油箱,溢流阀处于调定压力下的常开状态。调定溢流阀弹簧的压紧力,也就调节了系统的工作压力。在这种情况下溢流阀的作用即为调压溢流,如图5.5(a)所示。

(2)远程调压

系统中先导阀的外控口K(远程控制口)与调压较低的溢流阀连通时,其系统压力由调压较低的溢流阀确定,利用这一点可实现远程调压。如图5.5(b)所示,当电磁阀不通电右位工作时,将先导溢流阀的外控口与低压溢流阀连通,而将小的低压溢流阀安装在工作控制台上操作,实现远程调压。

(3)安全保护

如果系统采用变量泵供油,则变量泵可以根据实际需要供油,系统内没有多余的油需要溢流,其工作压力由负载决定。这时系统中的溢流阀可作安全阀,即将溢流阀压力调到高于正常工作时的安全压力值,当系统压力值达到安全压力值时溢流阀打开泄油,保证系统安全。系统正常工作时溢流阀是关闭的,如图5.5(c)所示。

(4)形成背压

将溢流阀安装在液压缸的回油路上,可使缸的回油腔形成背压,提高运动部件运动时的平稳性,这种用途的阀也称背压阀,如图5.5(d)所示。

(5)使泵卸荷

采用先导式溢流阀调压的定量泵供油系统,当系统暂不工作时,可将溢流阀的外控口K与油箱连通,就会使主阀芯打开溢流,这种情况下,系统压力很低,功率很小,实现了卸荷以减少能量损耗。如图5.5(e)所示,当电磁铁通电时,溢流阀外控口K通油箱,能使泵卸荷。

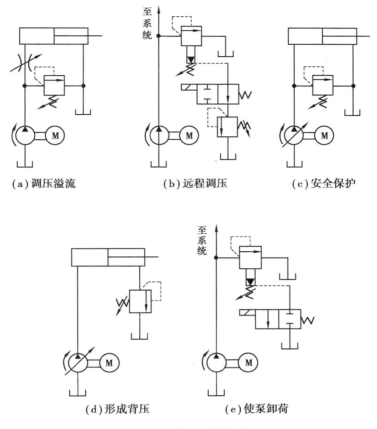

(a) 调压溢流　　　　(b) 远程调压　　　　(c) 安全保护

(d) 形成背压　　　　(e) 使泵卸荷

图 5.5 　溢流阀的应用

5.2　减压阀

减压阀是利用液流流经缝隙产生压力降的原理,使得出口压力低于进口压力的压力控制阀,常用于要求某一支路压力低于主油路压力的场合。按其控制压力可分为定值减压阀(出口压力为定值)、定比减压阀(进口和出口压力之比为定值)和定差减压阀(进口和出口压力之差为定值)。其中,定值减压阀的应用较为广泛,简称减压阀,按其结构有直动式和先导式之分,先导式减压阀性能较好,较为常用。这里仅就先导式定值减压阀进行分析。

对定值减压阀的性能要求:出口压力保持恒定,且不受进口压力和流量变化的影响。

5.2.1　先导式减压阀

先导式减压阀的结构形式很多,但工作原理相同。如图 5.6 所示为常用的先导式减压阀结构原理图。它分为两个部分,即先导阀和主阀,由先导阀调压,主阀减压。压力油(一次压力油)由进油口 P_1 进入,经主阀阀芯 7 和阀体 6 所形成的减压口后从出油口 P_2 流出。由于油液流过减压口的缝隙时有压力损失,所以,出口油压 p_2(二次压力油)低于进口压力 p_1。

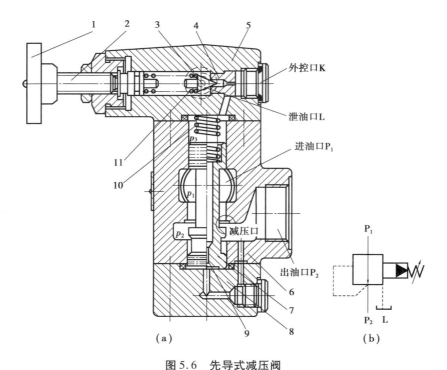

图5.6 先导式减压阀

1—调压手轮;2—调节螺钉;3—锥阀;4—锥阀座;5—阀盖;6—阀体;
7—主阀阀芯;8—端盖;9—阻尼孔;10—主阀弹簧;11—调压弹簧

出口压力油一方面被送往执行元件,另一方面经阀体6下部和端盖8上通道至主阀阀芯7下腔,再经主阀阀芯上的阻尼孔9引入主阀阀芯上腔和先导锥阀3的右腔,然后通过锥阀座4的阻尼孔作用在锥阀上。当负载较小、进口压力 p_1 低于调压弹簧11所调定的压力时,先导阀关闭。主阀阀芯阻尼孔内无油液流动,主阀阀芯上、下两腔油压均等于出口油压 p_2,主阀阀芯在主阀弹簧10作用下处于最下端位置,主阀阀芯与阀体之间构成的减压口全开,不起减压作用;当出口压力 p_2 上升至超过调压弹簧11所调定的压力时,先导阀阀口打开,油液经先导阀和泄油口流回油箱。受阻尼孔9的作用,主阀阀芯上腔的压力 p_3 将小于下腔的压力 p_2。当此压力差所产生的作用力大于主阀阀芯弹簧的预紧力时,主阀阀芯7上升使减压口缝隙减小,p_2 下降,直到此压差与阀芯作用面积的乘积和主阀阀芯上的弹簧力相等时,主阀阀芯处于平衡状态。此时减压阀保持一定开度,出口压力 p_2 稳定在调压弹簧11所调定的压力值。

如果外来干扰使进口压力 p_1 升高,则出口压力 p_2 也升高,使主阀阀芯向上移动,主阀开口减小,p_2 又降低,在新的位置上取得平衡,而出口压力基本维持不变;反之亦然。这样,减压阀利用出油口压力的反馈作用,自动控制阀口开度,从而使得出口压力基本保持恒定,称为定值减压阀。

减压阀的阀口为常开型,其泄油口必须由单独设置的油管通往油箱,且泄油管不能插入油箱液面以下,以免造成背压,使泄油不畅,影响阀的正常工作。

与先导式溢流阀相同,先导式减压阀也有一外控口K,当阀的外控口K接一远程调压阀,且远程调压阀的调定压力低于减压阀的调定压力时,可以实现二级减压。

5.2.2 减压阀的应用及其回路

如图 5.7 所示为夹紧机构中常用的减压回路。回路中串联一个减压阀,使夹紧缸能获得较低而又稳定的夹紧力。减压阀的出口压力可从 0.5 MPa 至溢流阀的调定压力范围内调节,当系统压力有波动时,减压阀出口压力稳定不变。

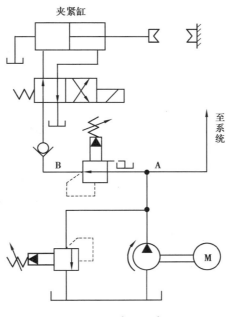

图 5.7 减压回路

在液压系统中,减压阀一般用于减压回路,有时也用于系统的稳压,常用于控制、夹紧、润滑等回路。

为使减压回路可靠工作,其减压阀的最高调定压力应比系统最高调定压力低一定的数值。例如,中压系统约低 0.5 MPa,中高压系统约低 1 MPa,否则减压阀不能正常工作。当减压支路的执行元件需要调速时,节流元件应安装在减压阀出口的油路,以免减压阀工作时,其先导阀泄油影响执行元件的速度。

5.3 顺序阀

顺序阀是以压力为信号自动控制油路通断的压力控制阀,常用于控制系统中多个执行元件先后动作顺序。

5.3.1 直动式顺序阀

如图 5.8(a)所示为直动式顺序阀的结构图。它由螺塞 1、下阀盖 2、控制活塞 3、阀体 4、阀芯 5、弹簧 6 等零件组成。当其进油口的油压低于弹簧 6 的调定压力时,控制活塞 3 下端油液向上的推力小,阀芯 5 处于最下端位置,阀口关闭,油液不能通过顺序阀流出。当进油口油压达到弹簧调定压力时,阀芯 5 抬起,阀口开启,压力油即可从顺序阀的出口流出,使阀后的油路工作。这种顺序阀利用其进油口压力控制,称为普通顺序阀(也称为内控式顺序阀),其图形符号如图 5.8(b)所示。由于阀出油口接压力油路,因此其上端弹簧处的泄油口必须另接一油管通油箱,这种连接方式称为外泄。

若将下阀盖 2 相对于阀体转过 90°或 180°,将螺塞 1 拆下,在该处接控制油管并通入控制油,则阀的启闭便由外供控制油控制,这时即成为液控顺序阀,其图形符号如图 5.8(c)所示。若再将上阀盖 7 转过 180°,使泄油口处的小孔 a 与阀体上的小孔 b 连通,将泄油口用螺塞封住,并使顺序阀的出油口与油箱连通,则顺序阀就成为卸荷阀,其泄漏油可由阀的出油口流回油箱,这种连接方式称为内泄。卸荷阀的图形符号如图 5.8(d)所示。

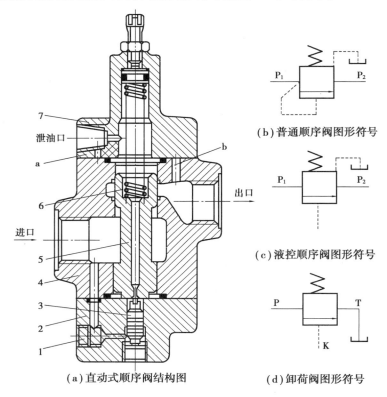

(a)直动式顺序阀结构图

(b)普通顺序阀图形符号

(c)液控顺序阀图形符号

(d)卸荷阀图形符号

图 5.8　直动式顺序阀

1—螺塞;2—下阀盖;3—控制活塞;4—阀体;5—阀芯;6—弹簧;7—上阀盖

直动式顺序阀设置控制活塞的目的是缩小阀芯受油压作用的面积,以便采用较软的弹簧提高阀的压力-流量特性。直动式顺序阀的最高工作压力可达 14 MPa,其最高控制压力可达7 MPa。顺序阀常与单向阀组合成单向顺序阀使用。

5.3.2　先导式顺序阀

先导式顺序阀的结构与先导式溢流阀类似,其工作原理基本相同,不再重述。先导式顺序阀与直动式顺序阀一样也有内控外泄、外控外泄和外控内泄等控制方式。如图 5.9 所示为先导式顺序阀的结构原理和图形符号。

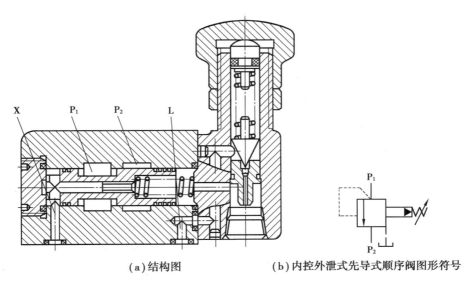

（a）结构图　　　　　（b）内控外泄式先导式顺序阀图形符号

图 5.9　先导式顺序阀

顺序阀与溢流阀的不同之处：顺序阀的出油口通向系统的另一压力油路即工作油路，而溢流阀出口接油箱；顺序阀进、出油口均为压力油，它的泄油口 L 必须单独外接油箱，否则将无法工作，而溢流阀的泄油可在内部连通回油口直接流回油箱。

5.3.3　顺序阀的应用及其回路

如图 5.10 所示为用顺序阀 2 和 3 与电磁换向阀 1 配合动作，使 A，B 两液压缸实现①②③④顺序动作的回路。当 A 液压缸实现动作①后，活塞行至终点停止时，系统压力升高，当压力升高到顺序阀 3 的调定压力时，顺序阀开启，活塞右移实现动作②，动作③④与动作①②同

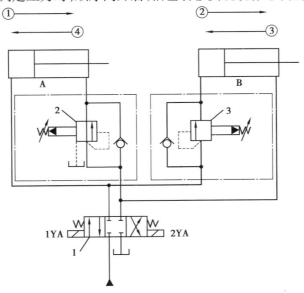

图 5.10　压力控制的顺序动作回路

1—电磁换向阀；2，3—顺序阀

理。这种回路工作可靠,可以按照要求调整液压缸的动作顺序。顺序阀的调整压力应比先动作液压缸的最高工作压力高(中压系统须高 0.8 MPa 左右),以免在系统压力波动较大时产生误动作。

顺序阀是液压系统中的自动控制元件,其弹簧压力的调定应高于前一执行元件所需压力,但应低于溢流阀的调定压力。除作卸荷阀外,顺序阀的出油口必须接系统,推动负载进行工作,而泄油口一定单独接回油箱,不能与出油口相通。

5.4 压力继电器

压力继电器是指将系统或回路中的压力信号转换为电信号的转换装置,它利用液压力启闭电气触点发出电信号,从而控制电气元件(如电动机、电磁铁和继电器等)的动作,实现电动机启停、液压泵卸荷、多个执行元件的顺序动作和系统的安全保护等。

5.4.1 压力继电器

如图 5.11(a)所示为单柱塞式压力继电器的结构原理图。压力油从油口 P 进入,并作用于柱塞 1 的底部,当压力达到弹簧的调定值时,克服弹簧阻力和柱塞表面摩擦力,推动柱塞上升,通过顶杆 2 触动微动开关 4 发出电信号。如图 5.11(b)所示为压力继电器的图形符号。

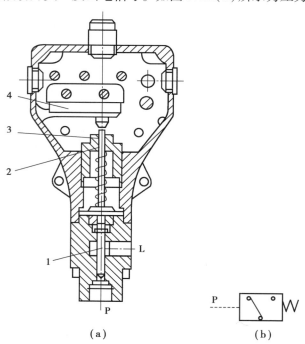

(a)   (b)

图 5.11 单柱塞式压力继电器

1—柱塞;2—顶杆;3—调节螺钉;4—微动开关

压力继电器发出电信号的最低压力和最高压力之间的范围称为调压范围。拧动调节螺钉 3 即可调整其工作压力。压力继电器发出电信号时的压力称为开启压力;切断电信号时的压力称为闭合压力。因开启时摩擦力的方向与油压力的方向相反,闭合时则相同,故开启压力大于闭合压力,两者之差称为压力继电器通断调节区间。它应有一定的范围,否则,系统压力出现脉动时,压力继电器发出的电信号会时断时续。中压系统中使用的压力继电器其调节区间一般为 0.35~0.8 MPa。

5.4.2 压力继电器的应用

(1)安全保护

如图 5.12(a)所示,将压力继电器 2 设置在夹紧液压缸的一端,液压泵启动后,首先将工件夹紧,此时夹紧液压缸 3 的右腔压力升高,当升高到压力继电器的调定值时,压力继电器 2 动作,发出电信号使 2YA 通电,于是切削液压缸 4 进刀切削。在加工期间,压力继电器 2 微动开关的常开触点始终闭合。若工件没有夹紧,压力继电器 2 断开,于是 2YA 断电,切削液压缸 4 立即停止进刀,从而避免工件未夹紧被切削而出事故。

(2)控制执行元件的顺序动作

如图 5.12(b)所示,液压泵启动后,首先 2YA 通电,液压缸 5 左腔进油,推动活塞按①所示方向右移。当碰到限位器(或死挡铁)后,系统压力升高,压力继电器 6 发出电信号,使 1YA 通电,高压油进入液压缸 4 的左腔,推动活塞按②所示的方向右移。这时,若 3YA 通电,液压缸 4 的活塞快速右移;若 3YA 断电,则液压缸 4 的活塞慢速右移,其慢速运动速度由节流阀 3 调节,从而完成先①后②的顺序动作。

(3)液压泵的启闭

如图 5.12(c)所示回路中有两个液压泵,1 为高压小流量泵,5 为低压大流量泵。当活塞快速下降时,两泵同时输出压力油。当液压缸 3 活塞杆抵住工件开始加压时,压力继电器 4 在压力油作用下发出动作,触动微动开关,将常闭触点断开,使液压泵 5 停转。在加工过程中减慢液压缸的速度,同时减少动力消耗。

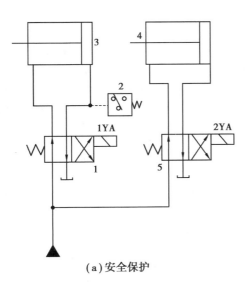

(a)安全保护

1,5—电磁阀;2—压力继电器;
3,4—液压缸

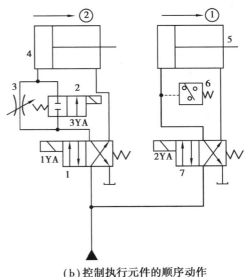

(b)控制执行元件的顺序动作

1,2,7—电磁阀;3—节流阀;4,5—液压缸;
6—压力继电器

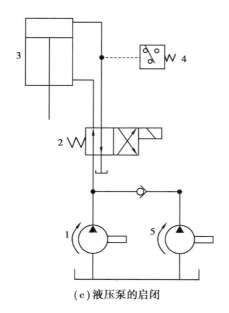
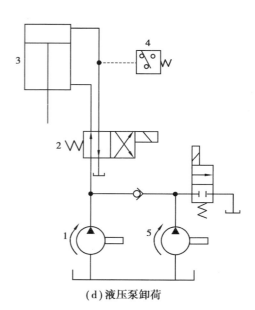

（c）液压泵的启闭

1—高压小流量泵;2—电磁阀;3—液压缸;
4—压力继电器;5—低压大流量泵

（d）液压泵卸荷

1—高压小流量泵;2—电磁阀;3—液压缸;
4—压力继电器;5—低压大流量泵

图 5.12　压力继电器的应用

（4）液压泵卸荷

如图 5.12（d）所示,其回路与图 5.12（c）所示回路相似,但压力继电器不是控制液压泵停止转动,而是控制二位二通电磁阀,将液压泵 5 输出的压力油流回油箱,使其卸荷。

5.5　压力控制阀的选用

选择压力阀的主要依据是其在液压系统中的作用,额定压力、最大流量、压力损失等工作性能参数和使用寿命。一般方法是按照液压系统的最大压力和通过阀的流量,从产品样本中选择规格（压力等级和通径）。低、中压系列液压阀,其最高压力为 6.3 MPa,主要用于机床液压传动。中、高压系列液压阀,其最高压力为 32 MPa,主要用于工程机械及重型机械液压传动。选择时要注意以下几点:

①阀的额定压力应大于系统额定压力的 20% ~30%,以保证压力控制阀在系统短暂过载时仍能正常工作。

②确保液压系统压力调节范围在压力控制阀的压力调节范围之内。

③当液压系统对控制压力的超调量、开启时间等有较高要求时,考虑被选阀的结构形式及动态性能方面的因素。

④压力稳定是压力阀的重要指标之一（特别是减压阀）,但压力阀一般都存在压力偏移,在选用时注意其偏移是否超过系统要求。

⑤压力控制阀的使用流量不要超过其额定值,而流量是选择压力控制阀通径的依据。

⑥直动型压力控制阀结构简单,灵敏度高,但其压力受流量变化的影响大,调压偏差大,

适用于灵敏度要求高的缓冲、制动装置中,不适于高压、大流量情况工作。

⑦先导型压力控制阀的灵敏度和响应速度比直动型压力阀低,而调压精度比直动型压力阀高,广泛用于高压、大流量和调压精度要求较高的场合。

此外,应考虑阀的安装空间及连接形式、使用寿命及维护方便性等因素。

5.6　压力控制回路

压力控制回路是利用压力控制阀控制油液的压力,以满足执行元件输出力矩(转矩)的要求,或利用压力作为信号控制其他元件动作,以实现某些动作要求。

常用的压力控制回路,除前述所讲外,还有增压回路、保压回路、卸荷回路、平衡回路等。

5.6.1　增压回路

增压回路与减压回路相反,当液压系统的某一支油路需要较高压力而流量又不大的压力油时,若采用高压液压泵或者不经济,或者没有这样压力的液压泵,这时就要采用增压回路。采用了增压回路的系统工作压力仍是低的,可以节省能源,并且系统工作可靠、噪声小。

(1)单向增压回路

如图5.13所示为单向增压回路,增压缸中有大、小两个活塞,并由一根活塞杆连接在一起。当手动换向阀3右位工作时,泵输出压力油进入增压缸A腔,推动活塞向右运动,右腔油液经手动换向阀3流回油箱,而B腔输出高压油,油液进入工作缸6推动单作用式液压缸活塞下移,此时B腔的压力为

$$p_B = \frac{p_A A_1}{A_2} \tag{5.1}$$

式中　p_A, p_B——A腔、B腔的油液压力;

　　　A_1, A_2——增压缸大、小端活塞面积。

因为 $A_1 > A_2$,所以 $p_B > p_A$。

由此可知,增压缸B腔输出油压比液压泵输出油压高。

当手动换向阀3左位工作时,增压缸活塞向左退回,工作缸6靠弹簧复位。为补偿增压缸B腔和工作缸6的泄漏,可通过单向阀5由辅助油箱补油。

用增压缸的单向增压回路只能供给断续的高压油,适用于行程较短、单向作用力很大的液压缸。

(2)连续增压回路

连续增压回路是一个双作用增压缸,采用电气控制的自动换向回路,如图5.14所示。

当1YA通电时,增压缸A,B腔输入低压油,推动活塞右移,C腔油液流回油箱,D腔增压后的压力油经单向阀3输出,此时单向阀2,4关闭。当活塞移至顶端触动行程开关5时,换向阀1YA断电、2YA通电,换向阀换向,活塞左移,A腔增压后的压力油经单向阀2输出。这样依靠换向阀不断换向,即可连续输出高压油。

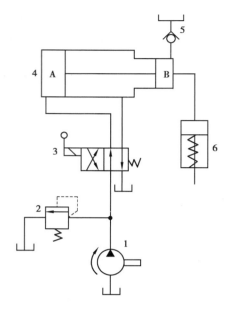

图 5.13　单向增压回路

1—单向定量泵;2—溢流阀;3—手动换向阀;4—增压缸;5—单向阀;6—工作缸

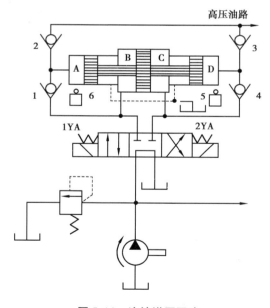

图 5.14　连续增压回路

1,2,3,4—单向阀;5,6—行程开关

5.6.2　保压回路

保压回路用来使系统在液压缸不动或仅有工件变形所产生的微小位移下稳定地维持压力。

（1）利用液压泵控制的保压回路

大流量、高压系统常常采用专门的液压泵（保压泵）进行保压，如图 5.15 所示。

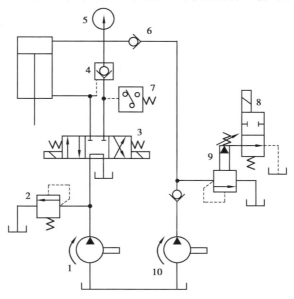

图 5.15 利用液压泵的保压回路

1—主油泵；2—直动式溢流阀；3—三位四通电磁换向阀；4—液控单向阀；5—接点压力计；
6—单向阀；7—压力继电器；8—二位二通电磁换向阀；9—先导式溢流阀；10—补油保压泵

当液压缸上腔压力达到预定数值时，泵 1 卸荷，这时液压缸上腔的压力由液控单向阀 4 保压。经过一段时间，泄漏压力降低到允许的下限值，由接点压力计 5 发信号，二位二通电磁换向阀 8 通电，泵 10 经过单向阀 6 向液压缸上腔进行补油保压。

用专门的保压回路进行补油保压，可靠性及压力稳定性高，而且可进行长时间保压，但回路稍复杂。

若保压时间短，常常采用开泵保压。所谓开泵保压就是执行机构已到达终点，泵仍继续向液压缸供油以保持压力。开泵保压时，对于定量泵而言，泵输出流量只有少量用于补充系统泄漏，大部分经溢流阀溢回油箱，造成很大的功率损耗，并使油温升高，这种保压方法只适用于短暂的保压场合。采用限压式变量泵保压回路，系统压力高，泵输出流量自然减小，泵消耗功率很小，但需要泵本身具有很高的效率。

（2）利用蓄能器控制的保压回路

如图 5.16 所示为蓄能器保压回路。泵 1 同时驱动主油路切削缸和夹紧油路夹紧缸 7 工作，并且要求切削缸空载或快速退回运动时，夹紧缸必须保持一定的压力，使工件被夹紧而不松动。

为此，回路设置了蓄能器 6 进行保压。加工工件的工作循环是先将工件夹紧后，方可进行加工。泵 1 首先向夹紧缸供油，同时向蓄能器充液，当夹紧油路压力达到压力继电器 5 的调定压力时，说明工件已夹紧，压力继电器发出电信号，主油路切削缸开始工作，夹紧油路由蓄能器补偿夹紧油路的泄漏，以保持夹紧油路压力。当夹紧油路的压力降低到一定数值时，泵应再向夹紧油路供油。当切削缸快速运动时，主油路压力低于夹紧油路的压力，单向阀 3

89

关闭,防止夹紧油路压力下降。

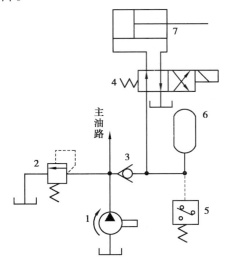

图 5.16　利用蓄能器的保压回路

1—单向定量泵;2—溢流阀;3—单向阀;4—二位二通电磁换向阀;

5—压力继电器;6—蓄能器;7—液压缸

(3)利用液控单向阀控制的保压回路

如图 5.17 所示,当液压缸 7 上腔压力达到保压数值时,压力继电器发出电信号,三位四通电磁换向阀 3 回复中位,泵 1 卸荷,液控单向阀 6 立即关闭,液压缸 7 上腔油压依靠液控单向阀内锥阀关闭的严密性保压。由于液控单向阀不可避免地存在泄漏,使压力下降,因此,保压时间较短,压力稳定性较差。

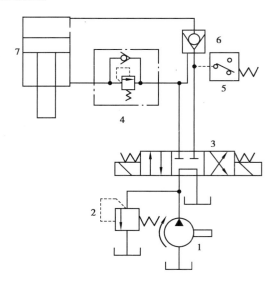

图 5.17　利用液控单向阀的保压回路

1—单向变量泵;2—溢流阀;3—三位四通电磁换向阀;4—单向顺序阀;

5—压力继电器;6—液控单向阀;7—液压缸

5.6.3　卸荷回路

在整个液压系统工作循环中,有时要求执行元件短时间停止工作,或者保持不动作,而只要求回路保持一定的压力。在这种情况下,液压系统不需要或仅需要少量的压力油。此时若泵输出流量全部经溢流阀溢流回油箱,则会造成很大的功率消耗,并使油温升高,油质劣化;若采用停泵的办法,停止向系统供油,则频繁地启动电机降低液压泵和电动机的使用寿命。在液压系统中设置卸荷回路,使泵输出流量在零压或低压状态下流回油箱,可节省功率,减少油液发热、延长泵的使用寿命,这种工作状态称为泵卸荷。

(1)采用三位四通(五通)换向阀的卸荷回路

用三位四通(五通)换向阀的卸荷回路,是采用换向阀为 M 型、H 型或 K 型中位机能,使泵与油箱连通进行卸荷,如图 5.18 所示,泵输出的油液经三位四通电磁换向阀直接流回油箱。采用液动阀或电液换向阀的卸荷回路,必须在回油路上安装背压阀,如单向阀或溢流阀,以保证控制油路具有需要的启动压力。

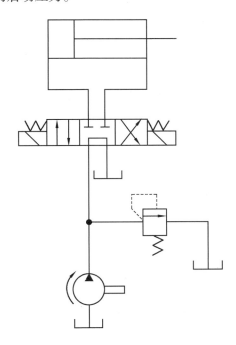

图 5.18　采用三位四通换向阀的卸荷回路

用换向阀中位机能的卸荷回路,卸荷方法比较简单,但压力较高,流量较大时,容易产生冲击,适用于低压、小流量的液压系统,不适用于一个液压泵驱动两个或两个以上执行元件的系统,以及执行元件停止运动时不需要保压的场合。

(2)采用二位二通阀的卸荷回路

用二位二通阀的卸荷回路,可采用二位二通电磁换向阀、二位二通手动换向阀和二位二通机动换向阀进行卸荷。如图 5.19(a)所示为用二位二通电磁换向阀的卸荷回路,当系统工作时,二位二通电磁换向阀电磁铁通电,泵与油箱的通道被切断,泵向系统供油。当执行元件停止运动时,二位二通电磁换向阀断电,泵输出流量经二位二通电磁换向阀流回油箱,泵卸荷。如图 5.19(b)所示为采用挡块操纵二位二通机动换向阀的卸荷回路。二位四通手动换向阀处于图示位置时,液压缸返回,当返回行程至终点时,活塞杆上的挡块自行操纵二位二通机动换向阀,使泵与油箱连通,泵卸荷,液压缸停止运动。

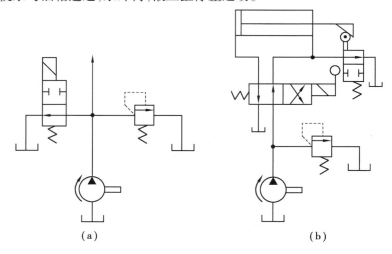

(a)   (b)

图 5.19　采用二位二通阀的卸荷回路

采用二位二通换向阀的卸荷方法,必须使二位二通换向阀的流量与泵的额定输出流量相匹配。这种卸荷方法的卸荷效果较好,易于实现自动控制,一般适用于液压泵流量小于 63 L/min 的场合。

(3)采用溢流阀的卸荷回路

如图 5.20 所示为用先导式溢流阀和小流量二位二通电磁换向阀组成的卸荷回路。当工作部件停止运动时,二位二通电磁换向阀通电,使先导式溢流阀的外控口与油箱相通,此时溢流阀的阀口全部打开,液压泵输出流量经溢流阀溢回油箱,实现泵卸荷。

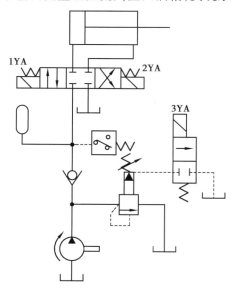

图 5.20　采用溢流阀的卸荷回路

在这种卸荷回路中,由压力继电器控制二位二通电磁换向阀的动作,便于实现自动控制,同时易于实现远程控制泵卸荷。回路中二位二通电磁换向阀通过的流量很小,可选用小规格的一位二通阀,而先导式溢流阀的额定流量必须与液压泵的流量相匹配。由于在回路中设置了单向阀和蓄能器,因此泵卸荷时,由蓄能器补充泄漏来保持液压缸压力。当蓄能器压力降低到一定值时,压力继电器发出电信号,使3YA断电,液压泵向系统供油和向蓄能器充液,以保证系统的压力。用蓄能器保压,由先导式溢流阀卸荷的回路,多用于夹紧系统,工件夹紧后液压缸不需要流量,只需要保持液压缸压力即可。这种回路既能满足工作需要,又能节省功率,减少系统油液发热。

5.6.4　平衡回路

为了防止立式液压缸或垂直运动工作部件因自重的作用下滑而造成事故,或在下行中因自重而造成超速运动,使运动不平稳,在系统中可采用平衡回路,即在立式液压缸下行的回油路上设置一顺序阀使之产生一定的阻力与平衡自重。

（1）采用单向顺序阀的平衡回路

如图5.21所示为采用单向顺序阀的平衡回路。回路中的单向顺序阀也称为平衡阀,它设在液压缸下腔与换向阀之间。当1YA通电时,压力油进入液压缸上腔,推动活塞向下运动。液压缸下腔油压超过顺序阀的调定值时,顺序阀打开,活塞下行,其下行速度由泵的供油流量决定。活塞在下行期间因顺序阀使液压缸下腔自然形成一个与自重相平衡的压力,防止其自重下滑,故活塞下降平稳,其液压缸下腔的背压力即顺序阀的调整压力为

$$p \geqslant \frac{G}{A} \tag{5.2}$$

式中　p——顺序阀的调整压力;

　　　G——运动部件的总质量;

　　　A——液压缸下腔的有效面积。

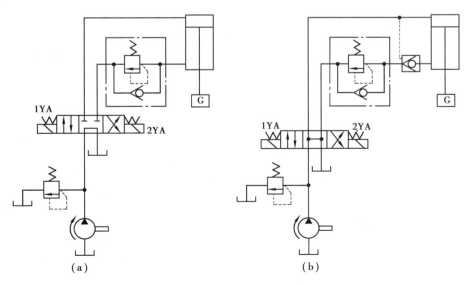

图5.21　采用单向顺序阀的平衡回路

运动部件下行时存在摩擦力,顺序阀的调整压力可调得稍低。当2YA通电时,压力油经单向阀进入液压缸下腔,活塞上升,此时顺序阀处于关闭状态,不起作用。当1YA,2YA都断电时,二位四通电磁换向阀处于中位,执行元件停止运动。对有严格位置要求的运动部件,应在单向顺序阀和液压缸之间增设一个液控单向阀,利用液控单向阀关闭的严密性,防止液压缸下腔泄漏,以保证足够的压力,使活塞及其重物长时间停留在某位置上,如图5.21(b)所示。这种回路,停止时会由于顺序阀的泄漏而使运动部件缓慢下降,所以要求顺序阀的泄漏量小;由于回油腔有背压,因此功率损失较大。

(2)采用远控单向顺序阀的平衡回路

如图5.22所示,当2YA通电时,三位四通电磁换向阀处于右位工作,泵向液压缸上腔供油,并进入远控顺序阀的控制口。当供油压力达到顺序阀的调整压力时,打开顺序阀,液压缸下腔油液经液控顺序阀、三位四通电磁换向阀流回油箱,活塞带着重物下行。当活塞及重物作用突然出现超速现象时,必定使液压缸上腔压力降低,此时远控顺序阀控制油路压力随之下降,将液控顺序阀关小,增大其回油阻力,以减小运动部件下滑速度。值得注意的是,远控顺序阀启闭取决于控制油路的油压,而与负载大小无关,活塞及重物在下行过程中,由于重物作用,远控顺序阀始终处于不稳定状态。当三位四通电磁换向阀处于中位,运动部件停止运动时,用三位四通电磁换向阀H型机能,液压缸上腔卸压,远控顺序阀迅速关闭,并被锁紧。采用远控顺序阀的平衡回路多用于运动部件质量或者负载时常变化的场合。

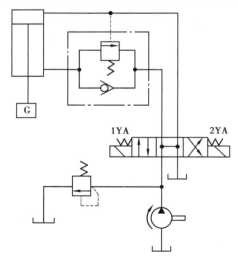

图5.22　采用远控单向顺序阀的平衡回路

这种回路适用于负载质量变化的场合,较安全、可靠。但活塞下行时,重力作用会使顺序阀的开口量处于不稳定状态,系统平稳性较差。采用远控单向阀的平衡回路在插床和一些锻压机械上应用得比较广泛。

 课后练习题

一、判断题

5.1　二次减压回路是由溢流式减压阀来实现定压控制的。　　　　　　　　　　（　　　）

5.2　背压阀的作用是使液压缸回油腔中具有一定的压力,保证运动部件工作平稳。　（　　　）

5.3　当将液控顺序阀的出油口与油箱连接时,其即成为卸荷阀。　　　　　（　　）

5.4　采用顺序阀实现的顺序动作回路中,其顺序阀的调整压力应比先动作液压缸的最大工作压力低。　　　　　　　　　　　　　　　　　　　　　　　　　　　　（　　）

5.5　利用远程调压阀的远程调压回路中,只有在溢流阀的调定压力高于远程调压阀的调定压力时,远程调压阀才能起调压作用。　　　　　　　　　　　　　　　　　（　　）

二、填空题

5.6　液压泵的卸荷有_____卸荷和_____卸荷两种方式。

5.7　液压控制阀按用途不同,可分为_____、_____和_____3 类,分别调节、控制液压系统中液流的_____、_____和_____。

5.8　液压系统中常用的溢流阀有_____和_____两种。前者一般用于_____;后者一般用于_____。

5.9　溢流阀是利用_____油压力和弹簧力相平衡的原理来控制_____的油液压力。一般_____外泄口。

5.10　溢流阀在液压系统中,主要起_____、_____、_____、_____和_____的作用。

5.11　压力继电器是一种能将_____转变为_____的转换装置。压力继电器能发出电信号的最低压力和最高压力的范围,称为_____。

三、计算题

5.12　如图 5.23 所示液压回路,若油泵的出口压力为 6 MPa,阀 1 的调定压力为 4 MPa,阀 2 的调定压力为 2 MPa,试回答下列问题:

①阀 1 是_____阀。

②阀 2 是_____阀。

③当液压缸运动至终点碰到挡块时,A 点的压力值为_____MPa,B 点的压力值为_____MPa。

5.13　如图 5.24 所示溢流阀的调定压力为 4 MPa,若不计先导油流经主阀芯阻尼小孔时的压力损失,试判断下列情况下的压力表的读数:

①YA 断电,且负载为无穷大时。

②YA 断电,且负载压力为 2 MPa 时。

③YA 通电,且负载为 2 MPa 时。

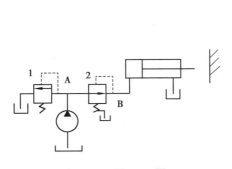

图 5.23　题 5.12 图

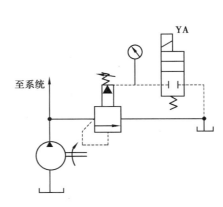

图 5.24　题 5.13 图

5.14 如图 5.25 所示两系统中溢流阀的调整压力分别为 $p_A = 4$ MPa，$p_B = 3$ MPa，$p_C = 2$ MPa，当系统外负载为无穷大时，

①泵的出口压力各为多少？

②如图 5.25(a)所示的系统，请说明溢流量是如何分配的。

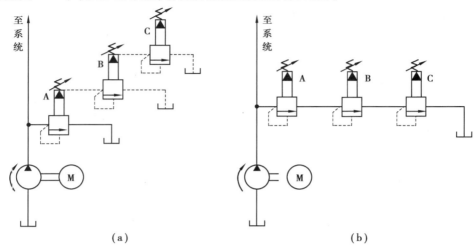

图 5.25 题 5.14 图

5.15 如图 5.26 所示，试确定下列各种情况下系统的调定压力各为多少？

①1YA，2YA 和 3YA 都断电，系统的调定压力为_____ MPa。

②2YA 通电，1YA 和 3YA 断电，系统的调定压力为_____ MPa。

③2YA 断电，1YA 和 3YA 通电，系统的调定压力为_____ MPa。

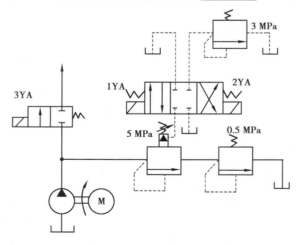

图 5.26 题 5.15 图

5.16 根据如图 5.27 所示的图形符号画出泵卸荷的回路原理图（要求：至少要用上所有给出的图形符号，但可以根据具体情况自己合理添加）。

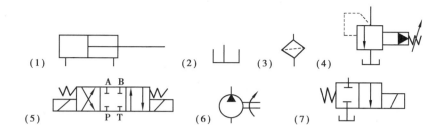

图 5.27　题 5.16 图

 实战训练

实训 5.1　简单的压力调节回路安装与调试运行

（1）实训目的

掌握用调节溢流阀控制液压回路压力大小的方法。

（2）实训元件

定量油泵、单向阀、油缸、压力表、先导溢流阀、节流阀、两位四通换向阀。

（3）操作步骤

本实训液压回路图与电路接线图如图 5.28 所示。

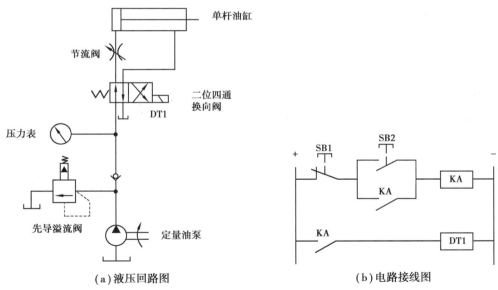

（a）液压回路图　　　　　　　（b）电路接线图

图 5.28　实训 5.1 液压回路图与电路接线图

本实验中油缸的速度是通过调节节流阀来控制的。实验时按图示接好油路、电路，当油泵启动时油缸伸出，按下启动按钮"SB2"时，油缸缩回；按下停止按钮"SB1"时，油缸伸出。当油缸走到末端时，调节溢流阀，压力表可以明显显示系统压力的变化，溢流阀可作安全阀使用。

（4）注意事项

连接液压回路时，注意油液的泄漏。连接电路时，注意电源的正负极，接线时要细心。

（5）实训考核表

表 5.1　实训考核表

班级		姓名		组别		日期	
实训名称							
任务要求	1.认识溢流阀的调压作用						
	2.能按照液压回路图正确连接液压回路						
	3.能按照电路接线图正确连接电路						
	4.遵守安全操作规程,正确使用工具						
思考题	1.通过实训观察说出先导溢流阀的主要作用						
	2.通过实训观察分析液压回路压力的调节原理						
考核评价	序号	考核内容		分值	评分标准		得分
	1	按操作步骤规范连接安装液压回路		20	操作规范,操作正确		
	2	能正确回答思考题		30	回答问题正确		
	3	安全文明操作		20	遵守安全操作规范,无事故发生		
	4	团队协作		20	与他人合作有效		
	5	"7S"素养		10	实训平台干净整洁、元件分类摆放		
		总分					

实训 5.2　三级调压回路安装与调试运行

（1）实训目的

①掌握溢流阀的内部结构及工作原理。

②完成使用多个溢流阀实现多级调压回路。

（2）实训元件

定量油泵、油缸、三位四通换向阀、溢流阀。

（3）操作步骤

本实训液压回路图与电路接线图如图 5.29 所示。

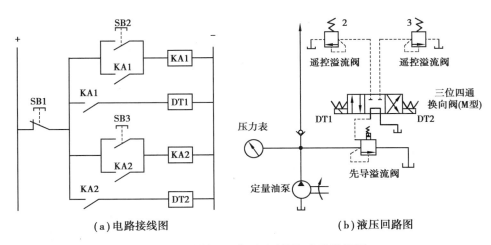

（a）电路接线图　　　　　　　　　　（b）液压回路图

图 5.29　实训 5.2 液压回路图与电路接线图

当液压系统需要多级压力控制时,可采用此回路。实验时按图示接好油路、电路,图中主溢流阀 1 的遥控口通过三位四通电磁阀 4 分别与远程调压阀 2 和 3 相接。换向阀中位时,系统压力由溢流阀 1 调定。换向阀左位得电时,系统压力由调压阀 2 调定,右位得电时由调压阀 3 调定。系统可设置 3 种压力值。注意,远程调压阀 2,3 的调定压力必须低于主溢流阀 1 的调定压力。

（4）注意事项

接液压回路时,注意油液的泄漏。连接电路时,注意电源的正负极,接线时要细心。

（5）实训考核表

表 5.2　实训考核表

班级		姓名		组别		日期	
实训名称							
任务要求	1. 正确分析三级调压液压回路						
	2. 能按操作步骤正确连接液压回路						
	3. 能按操作步骤正确连接电路图						
	4. 遵守安全操作规程,正确使用工具						
思考题	1. 通过实训观察请说出三级调压回路是如何实现三级调压的						
	2. 通过实训观察请分析 3 个溢流阀的工作情景						

续表

	序号	考核内容	分值	评分标准	得分
考核评价	1	按操作步骤规范连接安装液压回路	20	操作规范,操作正确	
	2	能正确回答思考题	30	回答问题正确	
	3	安全文明操作	20	遵守安全操作规范,无事故发生	
	4	团队协作	20	与他人合作有效	
	5	"7S"素养	10	实训平台干净整洁、元件分类摆放	
	总分				

实训 5.3　减压回路安装与调试运行

(1) 实训目的

①掌握减压阀的内部结构及工作原理。

②使用减压阀调节系统的工作压力低于油泵所提供的压力。

(2) 实训元件

本实验的液压装置有定量油泵、油缸、减压阀、单电控二位四通阀、压力表。

(3) 操作步骤

本实训液压回路图与电路接线图如图 5.30 所示。

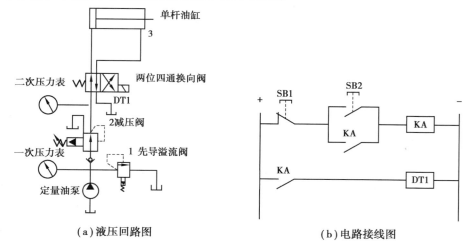

(a) 液压回路图　　　　　(b) 电路接线图

图 5.30　实训 5.3 液压回路图与电路接线图

　　实验时按图示接好油路、电路,泵启动时油缸伸出,按下"SB2"时,油缸缩回,按下"SB1"时,油缸伸出。调节减压阀的旋钮可以清楚地显示减压回路系统的压力。可与溢流阀调定压力值比较。在液压系统中,当某个支路所需的工作压力低于油源设定的压力值时,可采用一级减压回路。液压泵的最大工作压力由先导溢流阀 1 调定,液压缸 3 的工作压力则由减压阀 2 调定。一般情况下,减压阀的调定压力要在 0.5 MPa 以上,但又要低于溢流阀 1 的调定压力 0.5 MPa 以上,这样可使减压阀出口压力保持在稳定的范围内。

（4）实训考核表

表 5.3　实训考核表

班级		姓名		组别		日期	
实训名称							
任务要求	1. 正确分析减压阀的工作原理						
	2. 能按操作步骤正确安装减压液压回路						
	3. 会分析减压回路的工作原理						
	4. 遵守安全操作规程,正确使用工具						
思考题	1. 通过实训观察请说出减压阀的结构						
	2. 通过实训观察请分析减压阀的工作原理						

考核评价	序号	考核内容	分值	评分标准	得分
	1	按操作步骤规范连接安装液压回路	20	操作规范,操作正确	
	2	能正确回答思考题	30	回答问题正确	
	3	安全文明操作	20	遵守安全操作规范,无事故发生	
	4	团队协作	20	与他人合作有效	
	5	"7S"素养	10	实训平台干净整洁、元件分类摆放	
	总分				

实训 5.4　采用三位换向阀的卸荷回路安装与调试运行

（1）实训目的

①掌握 M 型三位换向阀的内部结构及工作原理。

②完成使用三位换向阀的系统卸荷回路。

（2）实训元件

本实验所需的液压装置有定量油泵、油缸、压力表、双电控三位四通阀（M 型）。

（3）操作步骤

本实训液压回路图与电路接线图如图 5.31 所示。

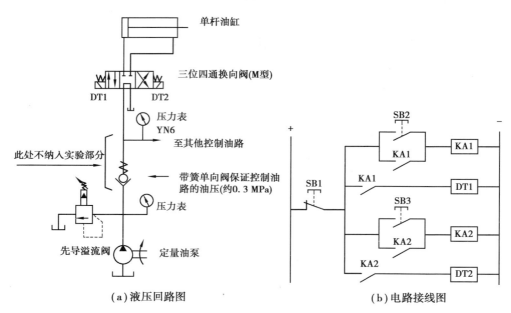

图 5.31　实训 5.4 液压回路图与电路接线图

　　实验时按图示接好油路、电路,按下"SB2"时,DT1 得电油缸伸出,按下"SB3"时,DT2 得电油缸缩回,按下"SB1",DT1、DT2 断电时,回路卸荷。当工作部件停止运动时(如装、卸工件等),液压缸不需进压力油。这时若使液压泵出油口油压在极低的压力下流回油箱(电机不停止转动),泵就处于卸荷状态。液压泵卸荷可以降低功率损耗,减少油液发热,延长使用寿命。

(4) **注意事项**

　　连接液压回路时,注意油液的泄漏。连接电路时,注意电源的正负极,接线时要细心。

(5) **实训考核表**

表 5.4　实训考核表

班级		姓名		组别		日期	
实训名称							
任务要求	1. 正确分析采用三位换向阀的卸荷回路的液压回路						
	2. 能按操作步骤正确地安装液压回路						
	3. 能按照电路接线图正确地连接						
	4. 遵守安全操作规程,正确使用工具						
思考题	1. 通过实训观察说出采用三位换向阀卸荷回路的工作原理						
	2. 通过实训观察分析三位换向阀是如何实现卸荷的						

续表

	序号	考核内容	分值	评分标准	得分
考核评价	1	按操作步骤规范连接安装液压回路	20	操作规范,操作正确	
	2	能正确回答思考题	30	回答问题正确	
	3	安全文明操作	20	遵守安全操作规范,无事故发生	
	4	团队协作	20	与他人合作有效	
	5	"7S"素养	10	实训平台干净整洁、元件分类摆放	
总分					

实训 5.5　采用顺序阀的顺序动作回路安装与调试运行

(1)实训目的

了解顺序阀的工作原理及应用,使用顺序阀完成顺序动作回路。

(2)实训元件

本实验所需的液压装置有定量油泵、油缸、三位四通换向阀(O型)、单向顺序阀。

(3)操作步骤

本实训液压回路图与电路接线图如图 5.32 所示。

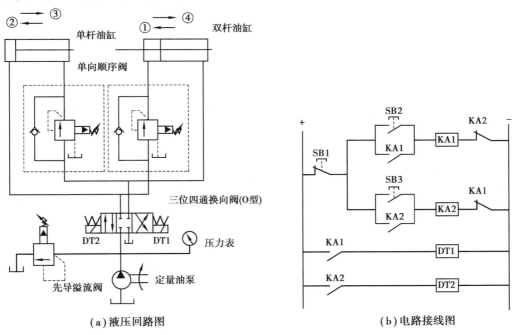

(a)液压回路图　　　　　　　　　　(b)电路接线图

图 5.32　实训 5.5 液压回路图与电路接线图

实验时按图示接好油路、电路,按下"SB2"时,DT1 得电,油缸按①②顺序动作;按下"SB3"时,DT2 得电,油缸按③→④顺序动作。

（4）注意事项

连接液压回路时，注意油液的泄漏。连接电路时，注意电源的正负极，接线时要细心。

（5）实训考核表

表 5.5　实训考核表

<table>
<tr><td>班级</td><td></td><td>姓名</td><td></td><td colspan="2">组别</td><td></td><td>日期</td><td></td></tr>
<tr><td>实训名称</td><td colspan="8"></td></tr>
<tr><td rowspan="4">任务
要求</td><td colspan="8">1. 正确分析液压回路的工作过程</td></tr>
<tr><td colspan="8">2. 能按操作步骤正确地安装液压回路和连接电路</td></tr>
<tr><td colspan="8">3. 会分析顺序阀的工作原理</td></tr>
<tr><td colspan="8">4. 遵守安全操作规程，正确使用工具</td></tr>
<tr><td rowspan="2">思考题</td><td colspan="8">1. 通过实训观察说出顺序动作回路的工作过程</td></tr>
<tr><td colspan="8">2. 通过实训观察分析顺序阀的工作原理</td></tr>
<tr><td rowspan="7">考核评价</td><td>序号</td><td colspan="3">考核内容</td><td colspan="2">分值</td><td>评分标准</td><td>得分</td></tr>
<tr><td>1</td><td colspan="3">按操作步骤规范连接安装液压回路</td><td colspan="2">20</td><td>操作规范，操作正确</td><td></td></tr>
<tr><td>2</td><td colspan="3">能正确回答思考题</td><td colspan="2">30</td><td>回答问题正确</td><td></td></tr>
<tr><td>3</td><td colspan="3">安全文明操作</td><td colspan="2">20</td><td>遵守安全操作规范，无事故发生</td><td></td></tr>
<tr><td>4</td><td colspan="3">团队协作</td><td colspan="2">20</td><td>与他人合作有效</td><td></td></tr>
<tr><td>5</td><td colspan="3">"7S"素养</td><td colspan="2">10</td><td>实训平台干净整洁、元件分类摆放</td><td></td></tr>
<tr><td colspan="7">总分</td><td></td></tr>
</table>

项目 6
速度控制回路的应用

项目描述

流量控制阀在液压系统中主要用于控制液压系统中压力油的流动速度,从而控制执行元件的运动速度。通过本项目的学习,学习者需掌握节流阀、调速阀的结构、图形符号、工作原理,能区别节流阀、调速阀各自的应用特点。会根据设计要求选用合适的流量控制阀搭建流量控制回路,并能对相应回路熟练地进行安装、调试和运行。

项目知识框架

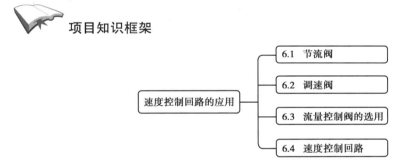

速度控制回路的应用
- 6.1 节流阀
- 6.2 调速阀
- 6.3 流量控制阀的选用
- 6.4 速度控制回路

项目引入

组合机床是一种高效率的专用机床。它操作简单,广泛应用于大批量零件加工的生产线或自动线。动力滑台是组合机床用来实现进给运动的通用部件,有机械动力滑台和液压动力滑台之分。根据加工工艺的需要,可在滑台台面上装置动力箱、多轴箱及各种专用切削头等动力部件,以完成钻、扩、铰、镗、铣、刮端面、倒角和攻丝等加工工序以及完成多种复杂进给工作循环。

液压动力滑台的机械结构简单,配上电器后很容易地实现进给运动的自动循环,同时工进速度可以方便地进行调节,应用比较广泛。

以 YT4543 型动力滑台为例分析其液压系统。该滑台的工作压力为 4~5 MPa,最大进给力为 4.5×10^4 N,进给速度为 6.6~660 mm/min。如图 6.1 所示和表 6.1 分别给出了 YT4543 型动力滑台液压系统图及电磁铁、压力继电器和行程阀的动作顺序表。该系统由限压式变量叶片泵、单杆活塞式液压缸及液压元件等组成,在机、电、液的联合控制下能实现工作循环,即快进→第一次工作进给→第二次工作进给→死挡铁停留→快退→原位停止。该动力滑台对液压系统的主要要求是速度换接平稳,进给速度可调且稳定,功率利用合理,系统效率高,发热少。

项目分析

其液压系统原理图如图6.1所示。

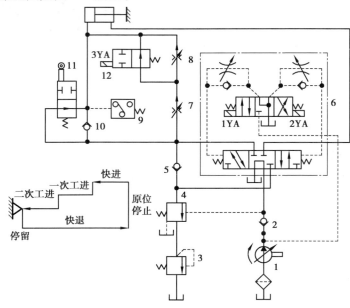

图6.1　动力滑台液压系统回路图

1—变量泵;2,5,10—单向阀;3—背压阀;4—液控顺序阀;6—液动换向阀;
7,8—调速阀;9—压力继电器;11—行程阀;12—二位二通电磁换向阀

当动力滑台液压系统需要调节系统中7,8的连接方式实现一次工进、二次工进、快进时要进行速度的转换,那么调速阀是如何调节执行元件运动速度的呢? 电磁铁、行程阀动作顺序表见表6.1。

表6.1　电磁铁、行程阀动作顺序表

电磁铁、行程阀	电磁铁			行程阀
	1YA	2YA	3YA	
快进	+	−	−	−
一次工进	+	−	−	+
二次工进	+	−	+	+
止挡块停留	+	−	+	+
快退	−	+	−	+
原位停止	−	−	−	−

注:"+"表示通电,"−"表示断电。

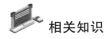
相关知识

流量控制阀在液压系统中,主要用来调节通过阀口的流量,以满足对执行元件运动速度的要求。流量控制阀均以节流单元为基础,利用改变阀口通流截面的大小或通流通道的长短来改变液阻(液阻即为小孔缝隙对液体流动产生的阻力),以达到调节通过阀口的流量的目的。常用的流量控制阀包括节流阀,调速阀,分流阀及其与单向阀、行程阀的各种组合阀。

6.1 节 流 阀

任何一个流量控制阀都有一个节流部分,称为节流口。改变节流口的通流面积就可以改变通过节流阀的流量。

(1)节流口流量特性公式及其特性

通过伯努利方程的理论推导和实验研究可知,无论节流口的形式如何,通过节流口的流量 q 都与节流口前后的压力差 Δp 有关,其流量特性方程可表示为

$$q = KA_\mathrm{T}\Delta p^{\psi} \tag{6.1}$$

式中 q——通过节流口的流量;

      A_T——节流口的通流截面积;

      Δp——节流口进、出口压力差;

      ψ——由节流口形状决定的指数,在 $0.5 \sim 1$,近似薄壁孔时,$\psi = 0.5$;近似细长孔时,$\psi = 1$;

      K——由节流口的断面形状、大小及油液性质决定的系数。

上述方程式说明通过节流口的流量与节流口截面积,以及节流口进、出口压力差的 ψ 次方成正比。

液压系统工作时,当节流口的通流面积调好后,一般都希望通过节流阀的流量稳定不变,以保证执行元件的速度稳定。但实际上,通过节流阀的流量受节流口前后压差、油温以及节流口形状等因素的影响。

(2)节流阀工作原理

如图6.2所示为普通节流阀。它的节流口为轴向三角槽式(节流口除轴向三角槽式外,还有偏心式、针阀式、周向缝隙式、轴向缝隙式等),压力油从进油口 P_1 流入,经阀芯左端的轴向三角槽后由出油口 P_2 流出。阀芯1在弹簧力的作用下始终紧贴在推杆2的端部。旋转手轮3,可使推杆沿轴向移动,改变节流口的通流截面积,从而调节通过阀的流量。

这种节流阀结构简单、制造容易、体积小、使用方便,但负载和温度的变化对流量稳定性的影响较大,适用于负载和温度变化不大或速度稳定性要求不高的场合。

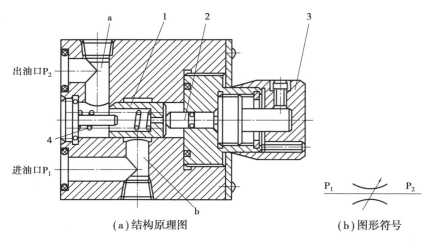

（a）结构原理图　　　　　　　　　（b）图形符号

图 6.2　普通节流阀

1—阀芯;2—推杆;3—手轮;4—弹簧

6.2　调速阀

　　节流口开口量一定时,节流口前、后压力差 Δp 是影响流经节流阀流量的重要因素。当负载变化引起节流阀前、后压力差变化时,节流阀调速就不能满足工作要求,这时需要采用调速阀,它使节流口前、后压力差不随负载而变化,保持一个定值,从而达到流量稳定。

　　如图 6.3(a)所示为调速阀的实物图。调速阀是由节流阀与定差减压阀串联组合而成的组合阀。节流阀用来调节通过的流量,定差减压阀则自动补偿负载变化的影响,使节流阀前、后的压差为定值,消除了负载变化对流量的影响,其工作原理如图 6.3(b)所示。节流阀 2 前、后的压力分别引到减压阀 1 下、上两端,当负载压力增大时,p_3 增大,于是作用在减压阀 1 上端的液压力增大,阀芯下移,减压口加大,压降减小,p_2 增大,从而使节流阀 2 两端的压差 (p_2-p_3) 保持不变;反之亦然。如图 6.3(c)所示为调速阀的图形符号。

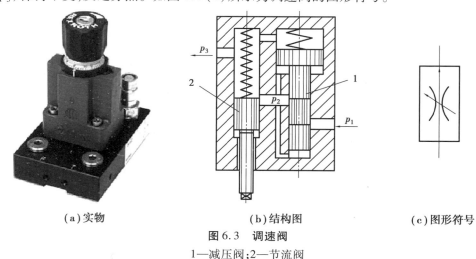

（a）实物　　　　　　　　　（b）结构图　　　　　　　　　（c）图形符号

图 6.3　调速阀

1—减压阀;2—节流阀

其他常用的调速阀还有与单向阀组合成的单向调速阀和可降低温度变化对流量稳定性影响的温度补偿调速阀等。

6.3　流量控制阀的选用

根据液压系统的执行机构的运行速度需求选定流量控制阀的类型后,还要考虑以下因素:

①系统工作压力。流量控制阀的额定压力要大于系统可能的工作压力范围。

②最大流量。在一个工作循环中所有通过流量控制阀的实际流量应小于该阀的额定流量。

③流量调节范围。流量控制阀的流量调节范围应大于系统要求的流量范围。尤其在选择节流阀和调速阀时,所选阀的最小稳定流量应满足执行机构的最低稳定速度的要求。

④流量调节的操作方式可根据工作要求选择。确定是否需要温度和压力补偿。根据工作条件及流量的控制精度决定。

⑤要考虑阀的安装空间、连接形式、使用寿命及维护方便性等。

⑥通过阀的实际流量一般情况下都小于液压泵的输出流量,但该值不可定得偏小,否则,将使阀的规格选得偏小,导致阀的局部压力损失过多,引起油温过高等后果,严重时会使系统不能正常工作。

⑦若流量控制阀的使用压力、流量超过了其额定值,易引起液压卡紧,对控制阀工作性能产生不良影响。

6.4　速度控制回路

液压系统中速度控制回路包括调节执行元件运动速度的调速回路、使执行元件的空行程实现快速运动的快速运动回路、使执行元件的运动速度在快速运动与工作进给速度之间以及一种工作进给速度与另一种工作进给速度之间变换的速度换接回路。

6.4.1　节流调速回路

节流调速回路通过改变回路中流量控制元件(节流阀和调速阀)通流截面积的大小来控制流入执行元件或自执行元件流出的流量,以调节其运动速度。根据流量阀在回路中位置的不同,分为进油节流调速、回油节流调速和旁路节流调速3种调速回路。

(1)进油节流调速回路

如图6.4(a)所示,将流量控制阀安装在执行元件的进油路上,即串联在液压泵和执行元件之间的回路称为进油节流调速回路。调节节流阀的通流面积,即可调节通过节流阀的流量,从而调节液压缸的运动速度。

(2)回油节流调速回路

如图6.4(b)所示,将流量控制阀安装在执行元件的回油路上,即串联在执行元件和油箱之间的回路称为回油节流调速回路。调节调速阀节流口的开口大小,即可改变液压缸排出的流量,同时改变进入液压缸的流量,由此改变液压缸的运动速度。

(3)旁路节流调速回路

如图6.4(c)所示,将流量控制阀安装在与执行元件并联的旁油路上的回路称为旁路节流调速回路。调节节流阀的通流面积,即可调节液压泵溢回油箱的流量,从而控制进入液压缸的流量,实现液压缸的运动速度调节。

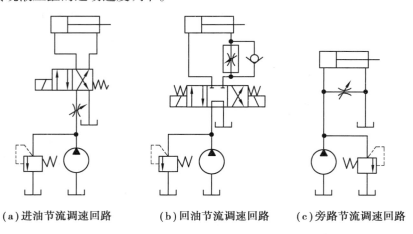

(a)进油节流调速回路　　(b)回油节流调速回路　　(c)旁路节流调速回路

图6.4　节流调速回路

6.4.2　容积调速回路

如图6.5所示,容积调速回路是用改变泵或马达的排量来实现调速的。根据调节对象的不同,容积调速回路通常有3种形式:由变量泵和定量执行元件组成的调速回路;由定量泵和变量执行元件组成的调速回路;由变量泵和变量执行元件组成的调速回路。

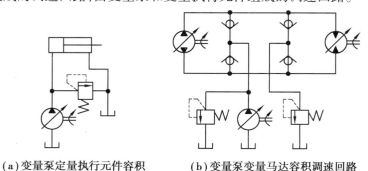

(a)变量泵定量执行元件容积　　(b)变量泵变量马达容积调速回路

图6.5　容积调速回路

6.4.3　容积节流调速回路

容积节流调速回路采用变量液压泵和流量控制阀调定进入液压缸或由液压缸流出的流量来调节液压缸的运动速度,并使变量泵的输油量自动与液压缸所需的流量相适应。如图6.6所示,由限压式变量叶片泵和调速阀配合进行调速,当变量液压泵的流量

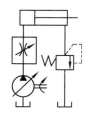

图6.6　容积节流调速回路

大于调速阀调定的流量时,多余的油液使液压泵和调速阀之间油路的油液压力升高,液压泵的流量随着工作压力的升高而自动减小,直到等于调速阀调定的流量。

这种调速回路没有溢流损失,效率较高,发热量小,采用溢流阀作为背压,速度稳定性比单纯的容积调速回路好,常用在速度范围大、中小功率的场合,如组合机床的进给系统等。

6.4.4　快速运动回路

为了提高生产率,设备的空行程运动一般需做快速运动。常见的快速运动回路有以下几种:

(1)液压缸差动连接的快速运动回路

如图6.7所示为采用单杆活塞缸差动连接实现快速运动的回路。当只有电磁铁1YA通电时,换向阀3左位工作,压力油可进入液压缸的左腔,同时,经阀4的左位与液压缸右腔连通,因活塞左端受力面积大,故活塞差动快速右移。此时,若3YA电磁铁通电,阀4换为右位,则压力油只能进入缸左腔,缸右腔油经阀4右位、调速阀5回油,实现活塞慢速运动。当2YA,3YA同时通电时,压力油经阀3右位、阀6、阀4右位进入缸右腔,缸左腔回油,活塞左移。这种快速回路简单、经济,但快、慢速的转换不够平稳。

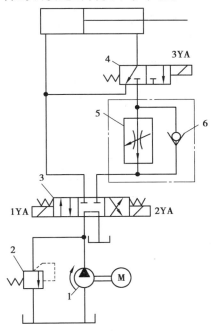

图6.7　液压缸差动连接的快速回路
1—液压泵;2—溢流阀;3,4—电磁换向阀;5—调速阀;6—单向阀

(2)双泵供油的快速运动回路

如图6.8所示为双泵供油的快速运动回路。液压泵1为高压小流量泵,其流量应略大于最大工作进给速度所需要的流量,其工作压力由溢流阀5调定。液压泵2为低压大流量泵(两泵的流量可相等),其流量与液压泵1流量之和应略大于液压系统快速运动所需要的流量,其工作压力应低于液控顺序阀3的调定压力。空载时,液压系统的压力低于液控顺序阀3的调定压力,阀3关闭,泵2输出的油液经单向阀4与泵1输出的油液汇集在一起进入液压

缸,从而实现快速运动。当系统工作进给承受负载时,系统压力升高至大于阀3的调定压力,阀3打开,单向阀4关闭,泵2的油经阀3流回油箱,泵2处于卸荷状态。此时系统仅由液压泵1供油,实现慢速工作进给,其工作压力由阀5调节。

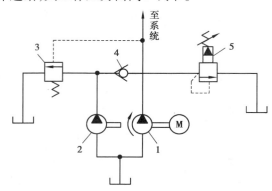

图6.8 双泵供油的快速运动回路

1,2—液压泵;3—卸荷泵(液控顺序阀);4—单向阀;5—溢流阀

这种快速回路功率利用合理,效率较高。其缺点是回路较复杂,成本较高。常用在快慢速差值较大的组合机床、注塑机等设备的液压系统。

(3)采用蓄能器的快速运动回路

如图6.9所示为采用蓄能器4与液压泵1协同工作实现快速运动的回路,它适用于在短时间内需要大流量的液压系统。当换向阀5中位,液压缸不工作时,液压泵1经单向阀2向蓄能器4充油。当蓄能器内的油压达到液控顺序3的调定压力时,阀3被打开,使液压泵卸荷。当换向阀5左位或右位,液压缸工作时,液压泵1和蓄能器4同时向液压缸供油,使其实现快速运动。

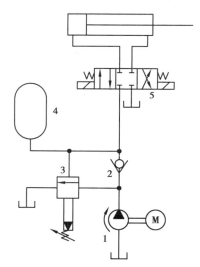

图6.9 采用蓄能器的快速运动回路

1—液压泵;2—单向阀;3—液控顺序阀;4—蓄能器;5—换向阀

这种快速回路可用较小流量的泵获得较高的运动速度。其缺点是蓄能器充油时,液压缸必须停止工作,在时间上有些浪费。

6.4.5 速度转换回路

设备工作部件在实现自动工作循环过程中,往往需要进行速度的转换。例如,由快速转为工进速工作,或两种工进速度之间的转换等。这种实现速度转换的回路,应能保证速度的转换平稳、可靠,不出现前冲现象。

(1)快慢速转换回路

如图6.10所示为利用二位二通电磁阀与调速阀并联实现快速转慢速的回路。当图中电磁铁1YA,3YA同时通电时,压力油经阀3左位、阀4左位进入液压缸左腔,缸右腔回油,工作部件实现快进;当运动部件上的挡块碰到行程开关使3YA电磁铁断电时,阀4油路断开,调速阀5接入油路,压力油经阀3左位后,经调速阀5进入缸左腔,缸右腔回油,工作部件以阀5调节的速度实现工作进给。这种速度转换回路速度换接快,行程调节比较灵活,电磁阀可安装在液压站的阀板上,便于实现自动控制,应用很广泛。其缺点是平稳性较差。

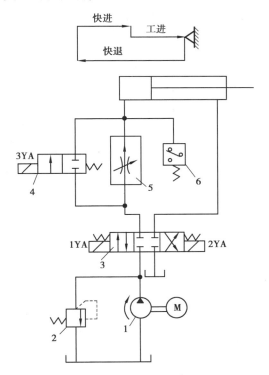

图6.10 用电磁换向阀的快慢速转换回路

1—泵;2—溢流阀;3,4—换向阀;5—调速阀;6—压力继电器

(2)两种慢速转换回路

如图6.11所示,在液压缸6的进油路上并联两个调速阀7和9,实现一工进、二工进速度换接。回路中利用二位四通电磁换向阀8控制调速阀7或9接通液压缸左腔,当换向阀8左位工作时调速阀7接通液压缸左腔,调节一工进的速度,此时调速阀9出口堵死;当换向阀8右位工作时调速阀9接通液压缸左腔,调节二工进的速度。需要注意的是,要根据两次进给量的大小要求,合理调节调速阀7和9中节流阀的开口大小。调速阀并联时,两种速度可以分别进行调节,互不影响,但在速度转换瞬间,才切换接入的调速阀刚有油液通过,减压阀尚

113

处于最大开口状态,来不及关小,致使通过调速阀的流量过大造成执行元件的前冲。并联调速阀的回路很少用在同一行程两种运动速度的转换上,可以用在两种速度的程序预选上。

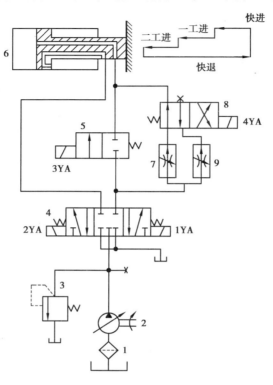

图 6.11　调速阀并联的速度换接回路

1—滤油器;2—液压泵;3—溢流阀;4—三位五通电磁换向阀;5—二位二通电磁换向阀;
6—液压缸;7,9—调速阀;8—二位四通电磁换向阀

　　这种回路当一个调速阀工作时,另一个调速阀油路被封死,其减压阀口全开。当电磁换向阀换位其出油口与油路接通的瞬时,压力突然减小,减压阀开口来不及关小,瞬时流量增加,会使工作部件出现前冲现象。

　　如果将二位三通换向阀换成二位五通换向阀,当其中一个调速阀工作时,另一个调速阀仍有油液流过,且它的阀口前后保持一定的压差,其内部减压阀开口较小,换向阀换位使其接入油路工作时,出口压力不会突然减小,可以克服工作部件的前冲现象,使速度换接平稳,但这种回路有一定的能量损失。

 课后练习题

一、填空题

　　6.1　调速阀可使速度稳定,是因为其中节流阀前后的压力差_____。

　　6.2　在进油路节流调速回路中,当节流阀的通流面积调定后,速度随负载的增大而_____。

　　6.3　调速阀是由_____和_____串联而成的,前者起_____作用,后者起_____作用。

6.4 在定量泵供油的系统中,用_____实现对定量执行元件的速度进行调节,这种回路称为_____。

6.5 根据节流阀的油路中的位置,节流调速回路可分为_____节流调速回路、_____节流调速回路及_____节流调速回路。

二、问答题

6.6 何为速度控制回路? 主要有哪几种类型?

6.7 换速与调速有什么区别?

6.8 在液压系统中为什么要设快速运动回路? 实现执行元件快速运动的方法有哪些? 各适用于什么场合?

三、计算题

6.9 如图 6.12 所示为一速度换接回路,要求能实现"快进→工进→停留→快退"的工作循环,压力继电器控制换向阀切换。问该回路能实现要求的动作吗? 请说明原因。

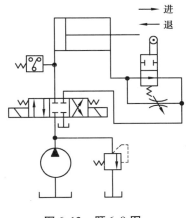

图 6.12 题 6.9 图

 实战训练

实训 6.1 采用调速阀串联的调速回路

(1)实训目的
①掌握调速阀的内部结构及工作原理。
②完成使用调速阀串联的速度调节回路。

(2)实训元件
如图 6.13 所示,本实训的液压装置有定量油泵、油缸、两位四通换向阀、调速阀。

(3)操作步骤
本实训液压回路图如图 6.13(a)所示,电路接线图如图 6.13(b)所示。

实验时按图示接好油路、电路,按"SB1"油缸缩回,按"SB2"时油缸伸出,按"SB3"时 DT2 得电,此时油缸为慢速运动,按"SB4"时 DT2 断电,此时油缸为快速运动。回路中控制 DT2 通或断,使油液经调速阀 1、调速阀 2 或只经调速阀 2 才能进入液压左腔,但调速阀 2 开口比调速阀 1 大。在此回路中,油液经过两个调速阀,能量损失较大。

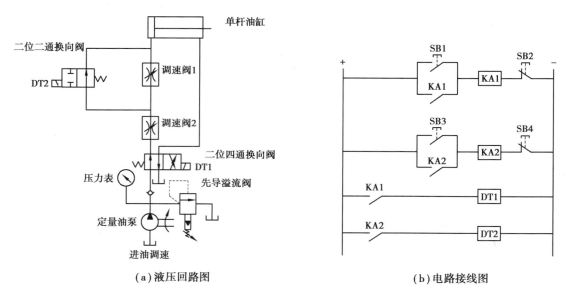

（a）液压回路图　　　　　　　　　（b）电路接线图

图 6.13　实训 6.1 液压回路图与电路接线图

（4）注意事项

①连接液压回路时,注意油液的泄漏,及时清理操作台,保持干净整洁。

②连接电路时注意用电安全,连接完毕后进行检查,检查无误后再通电。

（5）实训考核表

表 6.2　实训考核表

班级		姓名		组别		日期	
实训名称							
任务 要求	1.正确分析调速阀的结构						
	2.能按操作步骤正确安装连接各液压元件						
	3.会分析调速阀串联调速回路的工作原理						
	4.遵守安全操作规程,正确使用工具						
思考题	1.通过实训观察说出液压回路的调速过程						
	2.通过实训观察分析如何控制调速阀 1 的工作状态						

续表

	序号	考核内容	分值	评分标准	得分
考核评价	1	按操作步骤规范连接液压回路	20	操作规范,操作正确	
	2	能正确回答思考题	30	回答问题正确	
	3	安全文明操作	20	遵守安全操作规范,无事故发生	
	4	团队协作	20	与他人合作有效	
	5	"7S"素养	10	实训平台干净整洁、元件分类摆放	
总分					

实训 6.2　调速阀短接的速度换接回路安装与调试运行

(1)实训目的

①了解调速阀短接的速度调节回路的工作原理。

②完成使用调速阀短接的速度调节回路。

(2)实训元件

本实训的液压装置有定量油泵、油缸、两位四通换向阀、调速阀。

(3)操作步骤

本实训液压回路图与电路接线图如图 6.14 所示。

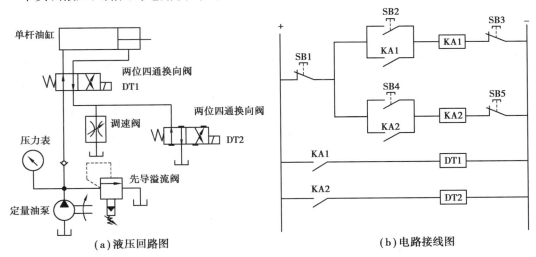

(a)液压回路图　　　　　　　　　　(b)电路接线图

图 6.14　实训 6.2 液压回路图与电路接线图

　　实验时按图示接好油路、电路,按"SB2"时油缸伸出,按"SB3"时油缸缩回,按"SB4"时 DT2 得电,此时调速阀被二位四通阀短接,油液直接回油箱,油缸为快速运动。

(4)注意事项

①连接液压回路时,注意油液的泄漏,及时清理操作台,保持干净整洁。

②连接电路时注意用电安全,连接完毕后进行检查,检查无误后再通电。

(5) 实训考核表

表 6.3　实训考核表

班级		姓名		组别		日期	
实训名称							
任务要求	1. 正确分析调速阀短接速度换接回路的工作过程						
	2. 能按操作步骤正确安装液压回路上的各元件						
	3. 会正确按照电路图进行电路的连接						
	4. 遵守安全操作规程,正确使用工具						
思考题	1. 通过实训观察说出如何实现调速阀的短接						
	2. 通过实训观察分析调速阀短接的速度换接回路的工作原理						

考核评价	序号	考核内容	分值	评分标准	得分
	1	按操作步骤规范安装连接液压回路和电路	20	操作规范,操作正确	
	2	能正确回答思考题	30	回答问题正确	
	3	安全文明操作	20	遵守安全操作规范,无事故发生	
	4	团队协作	20	与他人合作有效	
	5	"7S"素养	10	实训平台干净整洁、元件分类摆放	
		总分			

项目 7
多缸动作回路的应用

项目描述

多缸动作回路主要用于有两个及以上执行元件的液压系统中。熟悉各类多缸动作控制回路的结构及应用特点,有利于理解复杂液压系统的分析。通过本项目的学习,学习者能根据设计要求选用合适的控制回路,并能对相应回路熟练地进行安装、调试和运行。

项目知识框架

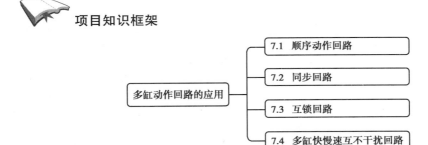

项目引入

液压压力机简称液压机,适用于可塑性材料的压制工艺,如金属冷挤压、板料冲裁、弯曲、翻边以及薄板拉伸等,也可以满足校直、粉末制品的压制成形等工艺要求。液压机是最早应用液压传动的机械之一。目前,液压传动已成为压力加工机械的主要传动形式,在工业部门得到了广泛应用。压力机的类型很多,其中以四柱式压力机的结构布局最为典型,应用也最广泛。

四柱式压力机由 4 个导向立柱,上、下横梁和滑块等组成。上滑块应能实现"快速下行→慢速加压→保压延时→快速返回→原位停止"的动作循环,下滑块应能实现"向上顶出→停留→向下退回→原位停止"的动作循环,其动作循环如图 7.1 所示。

项目分析

在液压机液压系统中,由高压轴向柱塞泵供油,由减压阀调定控制回路的压力,系统的工作原理如图 7.2 所示。

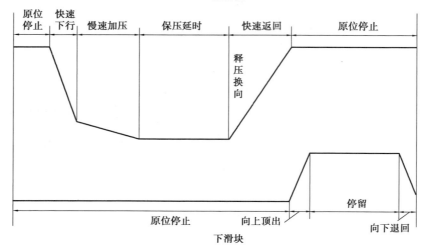

图 7.1　某液压机动作循环图

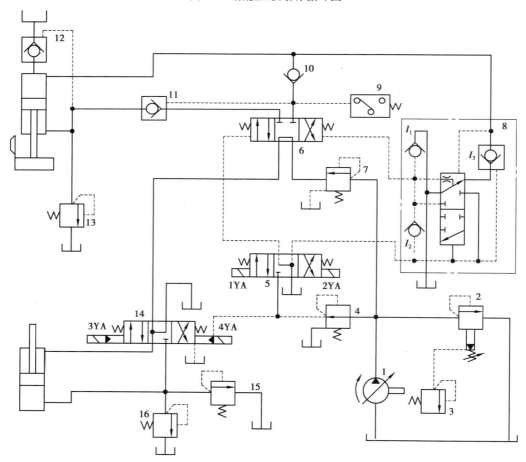

图 7.2　YB32-200 型液压压力机液压系统图

1—液压泵;2,13,16—安全阀;3—远程调压阀;4—减压阀;5—电磁换向阀;6—液动换向阀;

7—顺序阀;8—释压阀;9—压力继电器;10—单向阀;11,12—液控单向阀;14—电液换向阀;15—背压阀

YB32-200 型液压机液压系统的动作循环见表 7.1。

表 7.1　YB32-200 型液压机液压系统的动作循环

动作名称		信号来源	电磁铁工作状态				液压元件工作状态			
			1YA	2YA	3YA	4YA	电磁换向阀 5	液动换向阀 6	电液换向阀 14	释压阀 8
上滑块	快速下行	1YA 通电	+	−	−	−	左位	左位	中位	上位
	慢速加压	上滑块接触工件	+	−	−	−	左位	左位	中位	上位
	保压延时	压力继电器使 1YA 断电	−	−	−	−	中位	中位	中位	上位
上滑块	释压换向	时间继电器使 2YA 通电	−	+	−	−	右位	中位	中位	下位
	快速返回		−	+	−	−	右位	右位	中位	下位
	原位停止	上滑块压行程开关使 2YA 断电	−	−	−	−				
下滑块	向上顶出	4YA 通电	−	−	−	+	中位	中位	右位	上位
	停留	下活塞触及液压缸盖	−	−	−	+	中位	中位	右位	上位
	向下退回	4YA 断电、3YA 通电	−	−	+	−			左位	
	原位停止	3YA 通电	−	−	−	−			中位	

相关知识

液压系统中,一个油源往往要驱动多个执行元件工作。系统工作时,要求这些执行元件或顺序动作,或同步动作,或互锁,或防止互相干扰,需要实现这些要求的各种多缸工作控制回路。

顺序动作回路的功用是使多缸液压系统中的各液压缸按规定的顺序动作,可分为行程控制、压力控制和时间控制 3 大类。

7.1　顺序动作回路

如图 7.3(a) 所示为用行程阀 2 及电磁阀 1 控制 A,B 两液压缸实现①②③④工作顺序的回路。在图示状态下,A,B 两液压缸活塞均处于右端位置。当电磁阀 1 通电时,压力油进入 B 缸右腔,B 缸左腔回油,其活塞左移实现动作①;当 B 缸工作部件上的挡块压下行程阀 2 后,压力油进入 A 缸右腔,A 缸左腔回油,其活塞左移实现动作②;当电磁阀 1 断电时,压力油先进入 B 缸左腔,B 缸右腔回油,其活塞左移实现动作③;当 B 缸运动部件上的挡块离开行程阀使其恢复下位工作时,压力油经行程阀进入缸 A 的左腔,A 缸右腔回油,其活塞右移实现动作④。

这种回路工作可靠,动作顺序的换接平稳,但改变工作顺序困难,且管路长,压力损失大,不易安装。它主要用于专用机械的液压系统。

如图 7.3(b) 所示为用行程开关控制电磁换向阀 3,4 的通电顺序实现 A,B 两液压缸按①→②→③→④顺序动作的回路。

121

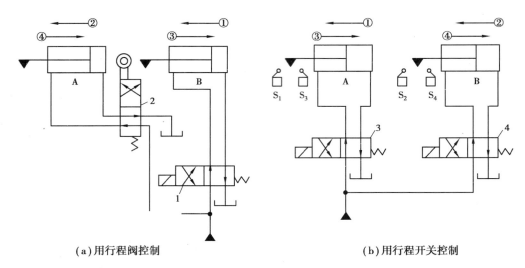

（a）用行程阀控制　　　　　　　　　　　　　　　（b）用行程开关控制

图7.3　行程控制顺序动作回路

1,3,4—电磁阀;2—行程阀

在图示状态下,电磁阀3,4均不通电,两液压缸的活塞均处于右端位置。当电磁阀3通电时,压力油进入A缸右腔,其左腔回油,活塞左移实现动作①;当A缸工作部件上的挡块碰到行程开关S_1时,S_1发信号使电磁阀4通电换为左位工作,这时压力油进入B缸右腔,其左腔回油,活塞左移实现动作②;当B缸工作部件上的挡块碰到行程开关S_2时,S_2发信号使电磁阀3断电换为右位工作,这时压力油进入A缸左腔,其右腔回油,活塞右移实现动作③;当A缸工作部件上的挡块碰到行程开关S_3时,S_3发信号使电磁阀4断电换为右位工作,这时压力油又进入B缸左腔,其右腔回油,活塞右移实现动作④。当B缸工作部件上的挡块碰到行程开关S_4时,S_4又可发信号使电磁阀3通电,开始下一个工作循环。

这种回路的优点是控制灵活方便,其动作顺序更换容易,液压系统简单,易实现自动控制。但顺序转换时有冲击声,位置精度与工作部件的速度和质量有关,而可靠性则由电气元件的质量决定。

7.2　同步回路

两个或多个液压缸在运动中保持相同速度或相同位移的回路,称为同步回路。例如,龙门刨床的横梁、轧钢机的液压系统均需同步运动回路。

7.2.1　采用调速阀控制的速度同步回路

如图7.4所示为用两个单向调速阀控制并联液压缸的同步回路。图中两个调速阀可分别调节进入两个并联液压缸下腔的流量,使两缸活塞向上伸出的速度相等。这种回路可用于两缸有效工作面积相等时,也可用于两缸有效工作面积不相等时,其结构简单,使用方便,且可以调速。其缺点是受油温变化和调速阀性能差异等影响,不易保证位置同步,速度的同步精度较低,一般为5%～7%,常用于同步精度要求不太高的系统。

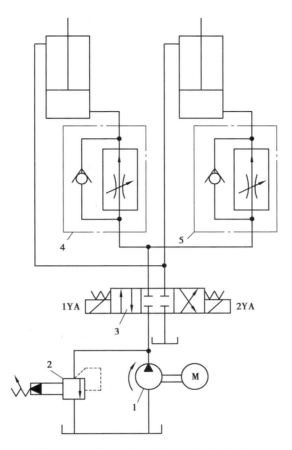

图 7.4 采用调速阀控制的速度同步回路
1—泵;2—溢流阀;3—换向阀;4,5—单向调速阀

7.2.2 带补偿装置的串联液压缸位移同步回路

如图 7.5 所示中的两液压缸 A,B 串联,B 缸下腔的有效工作面积等于 A 缸上腔的有效工作面积,若无泄漏,两缸可同步下行,但因有泄漏及制造误差,故有同步误差。采用由液控单向阀 3、电磁换向阀 2 和 4 组成的补偿装置可使两缸每一次下行终点的位置同步误差得到补偿。

补偿原理:当换向阀 1 右位工作时,压力油进入 B 缸的上腔,B 缸下腔油流入 A 缸的上腔,A 缸下腔回油,这时两活塞同步下行。若 A 缸活塞先到达终点,它就触动行程开关 S_1 使电磁阀 4 通电换为上位工作。这时,压力油经阀 4 将液控单向阀 3 打开,在 B 缸上腔继续进油的同时,B 缸下腔的油可经单向阀 3 及电磁换向阀 2 流回油箱,使 B 缸活塞继续下行到终点位置。若 B 缸活塞先到达终点,它触动行程开关 S_2,使电磁换向阀 2 通电换为右位工作。这时压力油可经阀 2、阀 3 继续进入 A 缸上腔,使 A 缸活塞继续下行到终点位置。这种回路适用于终点位置同步精度要求较高的小负载液压系统。

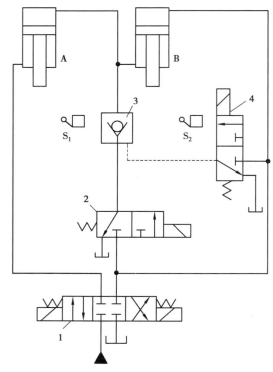

图 7.5　带补偿装置的串联液压缸位移同步回路

1,2,4—电磁换向阀;3—液控单向阀

7.3　互锁回路

在多缸工作的液压系统中,有时要求在一个液压缸运动时不允许另一个液压缸有任何运动,常采用液压缸互锁回路。

如图 7.6 所示为双缸并联互锁回路。当三位六通电磁换向阀 5 处于中位,液压缸 B 停止工作时,二位二通液动换向阀 1 右端的控制油路(见图中虚线)经阀 5 中位与油箱连通,其左位接入系统。这时压力油可经阀 1、阀 2 进入 A 缸使其工作。当阀 5 左位工作时,压力油可进入 B 缸使其工作。这时压力油还进入了阀 1 的右端使其右位接入系统,切断了 A 缸的进油路,使 A 缸不能工作,从而实现两缸运动的互锁。

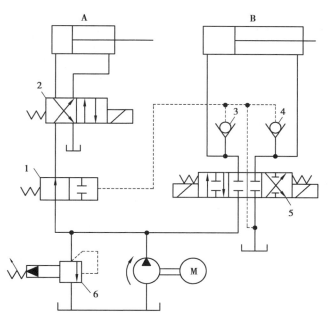

图 7.6 双缸并联互锁回路

1—液动换向阀;2—电磁阀;3,4—单向阀;5—电磁换向阀;6—溢流阀

7.4 多缸快慢速互不干扰回路

在一泵多缸的液压系统中,往往会出现一个液压缸转为快速运动的瞬时,吸入相当大的流量而造成系统压力下降,影响其他液压缸工作的平稳性。在速度平稳性要求较高的多缸系统中,常采用快慢速互不干扰回路。

如图 7.7 所示为采用双泵供油的快慢速互不干扰回路。液压缸 A,B 均需完成"快进→工进→快退"自动工作循环,且要求工进速度平稳。该油路的特点是两缸的"快进"和"快退"均由低压大流量泵 2 供油,两缸的"工进"均由高压小流量泵 1 供油。快速和慢速供油渠道不同,避免了相互干扰。

如图 7.7 所示位置电磁换向阀 7,8,11,12 均不通电,液压缸 A,B 活塞均处于左端位置。

当阀 11、阀 12 通电在左位工作时,泵 2 供油,压力油经阀 7 右位和阀 11 的左位与 A 缸两腔连通,使 A 缸活塞差动快进;泵 2 压力油经阀 8 右位和阀 12 的左位与 B 缸两腔连通,使 B 缸活塞差动快进。

当阀 7、阀 8 通电在左位工作,阀 11、阀 12 断电换为右位时,液压泵 2 的油路被封闭不能进入液压缸 A,B。泵 1 供油,压力油经调速阀 5、换向阀 7 左位、单向阀 9、换向阀 11 右位进入 A 缸左腔,A 缸右腔经阀 11 右位、阀 7 左位回油,A 缸活塞实现工进。同时,泵 1 压力油经调速阀 6、换向阀 8 左位、单向阀 10、换向阀 12 右位进入 B 缸左腔,B 缸右腔经阀 12 右位、阀 8 左位回油,B 缸活塞实现工进。

若 A 缸工进完毕,使阀 7、阀 11 均通电换为左位,则 A 缸换为泵 2 供油快退。其油路为:泵 2 的油经阀 11 左位进入 A 缸右腔,A 缸左腔经阀 11 左位、阀 7 左位回油。这时 A 缸不由

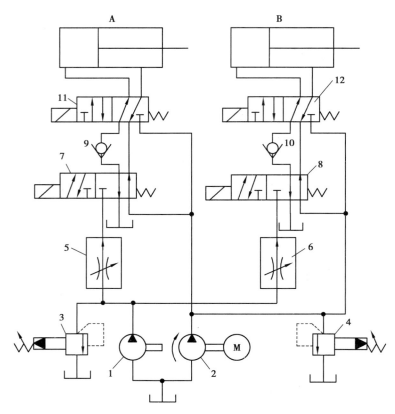

图 7.7　双泵供油互不干扰回路

1,2—流量泵;3,4—溢流阀;5,6—调速阀;7,8,11,12—电磁换向阀;9,10—单向阀

泵 1 供油,不会影响 B 缸工进速度的平稳性。

当 B 缸工进结束,阀 8、阀 12 均通电换为左位,由泵 2 供油实现快退。快退时为空载,对速度的平稳性要求不高,B 缸转为快退时对 A 缸快退无太大影响。

两缸工进时的工作压力由泵 1 出口处的溢流阀 3 调定,压力较高;两缸快速运动时的工作压力由泵 2 出口处的溢流阀 4 限定,压力较低。

课后练习题

问答题

7.1　如图 7.8 所示,试用下列元件组装成一顺序动作回路:油缸 2 个,单向顺序阀 2 个,行程开关 2 个,电磁换向阀(三位四通 M 型)1 个,定量泵 1 个,溢流阀 1 个。

图 7.8　题 7.1 图

7.2　如图 7.9 所示是一用顺序阀的顺序动作回路,试分析出实现动作①→②→③→④的过程。

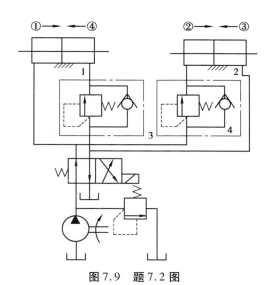

图 7.9 题 7.2 图

7.3 如图 7.10 所示的液压系统能实现"A 夹紧→B 快进→B 工进→B 快退→B 停止→A 松开→泵卸荷"等顺序动作的工作循环。

① 试在表 7.2 电磁铁动作顺序表中列出上述循环时电磁铁动态表。

② 说明系统是由哪些基本回路组成的。

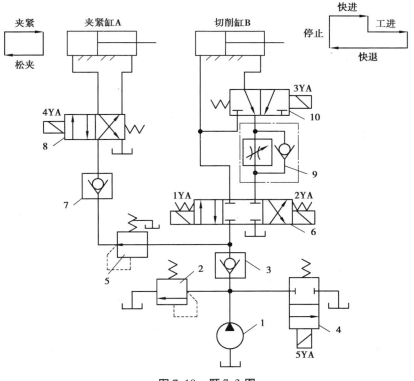

图 7.10 题 7.3 图

表 7.2 电磁铁动作顺序表

动作 \ 电磁铁	1YA	2YA	3YA	4YA	5YA
A 夹紧					
B 工进					
B 快退					
原位停止					
B 停止					
A 松开					
泵卸荷					

7.4 如图 7.11 所示为移动式汽车维修举升液压系统,分析该系统的工作过程和特点。指出二位二通电磁阀、液控单向阀、分流集流阀的作用。

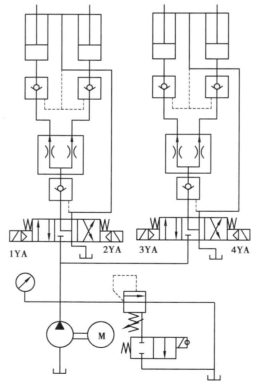

图 7.11 题 7.4 图

实战训练

实训 7.1　采用顺序阀的顺序动作回路安装与调试运行

(1)实训目的

了解顺序阀的工作原理及应用,使用顺序阀完成顺序动作回路。

(2)实训元件

本实训所需的液压装置有定量油泵、油缸、三位四通换向阀(O 型)、单向顺序阀。

(3)操作步骤

本实训的液压回路图与电路接线图如图 7.12 所示。

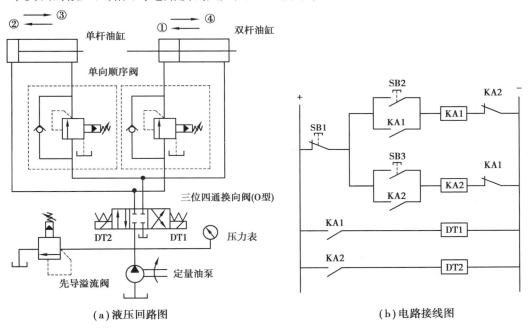

(a)液压回路图　　　　　　　　　(b)电路接线图

图 7.12　实训 7.1 液压回路图与电路接线图

实验时按图示接好油路、电路,按下"SB2"时,DT1 得电,油缸按 1,2 顺序动作;按下"SB3"时,DT2 得电,油缸按 3,4 顺序动作。

(4)注意事项

①安装单向顺序阀时注意进、出油口的方向。

②连接电路时注意线路布局的整洁。

(5) 实训考核表

表 7.3 实训考核表

班级		姓名		组别		日期	
实训名称							
任务要求	1. 正确分析顺序阀的顺序回路中各动作的动作过程						
	2. 能按操作步骤正确安装连接液压回路						
	3. 能按照电路接线图进行电路的连接						
	4. 遵守安全操作规程,正确使用工具						
思考题	1. 通过实训观察说出 4 个动作依次发生的过程						
	2. 通过实训观察分析顺序阀的工作原理						

考核评价	序号	考核内容	分值	评分标准	得分
	1	按操作步骤规范安装液压回路和电路	20	操作规范,操作正确	
	2	能正确回答思考题	30	回答问题正确	
	3	安全文明操作	20	遵守安全操作规范,无事故发生	
	4	团队协作	20	与他人合作有效	
	5	"7S"素养	10	实训平台干净整洁、元件分类摆放	
		总分			

实训 7.2 采用继电器的顺序动作回路安装与调试运行

(1) 实训目的
① 掌握压力继电器的内部结构及工作原理。
② 完成使用压力继电器的顺序动作回路。

(2) 实训元件
本实训所需的液压装置有定量油泵、油缸、二位四通换向阀、压力继电器。

（3）操作步骤

本实训的液压回路图与电路接线图如图 7.13 所示。

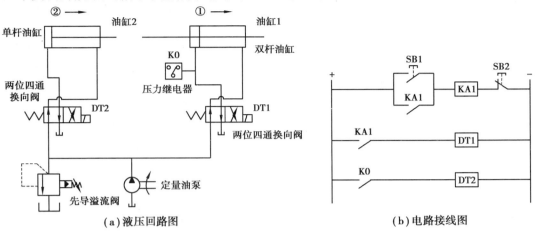

（a）液压回路图　　　　　　　　　　　　　（b）电路接线图

图 7.13　实训 7.2 液压回路图与电路接线图

实验时按图示接好油路电路,按下 SB1 时,电磁阀 DT1 得电,油缸 1 动作伸出,当压力达到与继电器相对应的压力时,压力继电器的常开触点闭合,电磁阀 2 得电,油缸 2 动作,按下 SB2 时,油缸回复原位,实验结束。

（4）**注意事项**

注意两杆的伸出顺序,避免相撞。

（5）**实训考核表**

表 7.4　实训考核表

班级		姓名		组别		日期	
实训名称							
任务要求	1.正确分析压力继电器的作用						
	2.能按操作步骤正确安装液压回路						
	3.能按操作步骤正确连接电路						
	4.遵守安全操作规程,正确使用工具						
思考题	1.通过实训观察说出两个油缸的动作顺序过程						
	2.通过实训观察分析压力继电器的作用						

131

续表

	序号	考核内容	分值	评分标准	得分
考核评价	1	按操作步骤规范安装液压回路和电路	20	操作规范,操作正确	
	2	能正确回答思考题	30	回答问题正确	
	3	安全文明操作	20	遵守安全操作规范,无事故发生	
	4	团队协作	20	与他人合作有效	
	5	"7S"素养	10	实训平台干净整洁、元件分类摆放	
		总分			

实训7.3　采用行程开关的顺序动作回路安装与调试运行

(1)实训目的

使用行程开关完成油缸的顺序动作回路。

(2)实训元件

本实训所需的液压装置有定量油泵、油缸、二位四通换向阀、行程开关。

(3)操作步骤

本实训的液压回路图与电路接线图如图7.14所示。

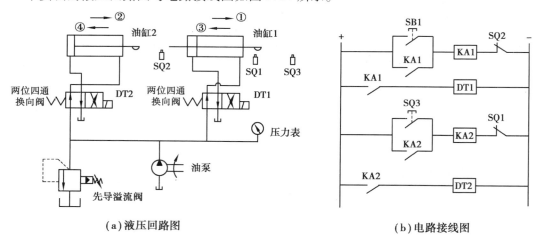

（a）液压回路图　　　　　　　　（b）电路接线图

图7.14　实训7.3 液压回路图与电路接线图

实验时按图示接好油路、电路,按下"SB1",DT1得电油缸1伸出,当行程开关SQ3闭合时,DT2得电油缸2伸出,当行程开关SQ2动作时,DT1失电油缸1缩回,行程开关SQ1动作时,DT2失电油缸2缩回,至此两油缸按①→②→③→④顺序自动完成4个动作后停止,再按SB1时,重复下一轮顺序动作。

(4)注意事项

①安装两油缸时,注意相隔距离不要太近,以免伸出杆碰到油缸。

②行程开关的放置位置应合理,互不影响。

（5）实训考核表

表7.5　实训考核表

班级		姓名		组别		日期	
实训名称							
任务要求	1.正确分析各动作的完成过程						
	2.能按操作步骤正确安装液压回路						
	3.能正确连接电路						
	4.遵守安全操作规程,正确使用工具						
思考题	1.通过实训观察说出4个顺序动作的动作过程						
	2.通过实训观察分析各行程开关的作用						

	序号	考核内容	分值	评分标准	得分
考核评价	1	按操作步骤规范安装液压回路和电路	20	操作规范,操作正确	
	2	能正确回答思考题	30	回答问题正确	
	3	安全文明操作	20	遵守安全操作规范,无事故发生	
	4	团队协作	20	与他人合作有效	
	5	"7S"素养	10	实训平台干净整洁、元件分类摆放	
		总分			

实训7.4　采用并联调速阀的同步回路安装与调试运行

（1）实训目的

①了解同步回路的工作原理。

②完成使用调速阀并联的同步动作回路。

（2）实训元件

本实训所需的液压装置有定量油泵、油缸、两位四通换向阀、调速阀。

（3）操作步骤

本实训的液压回路图与电路接线图如图7.15所示。

实验时按图示接好油路、电路,按"SB2"油缸缩回,按"SB1"油缸伸出,调节两个调速阀可使两油缸伸出的运动速度相同,但精度较差。

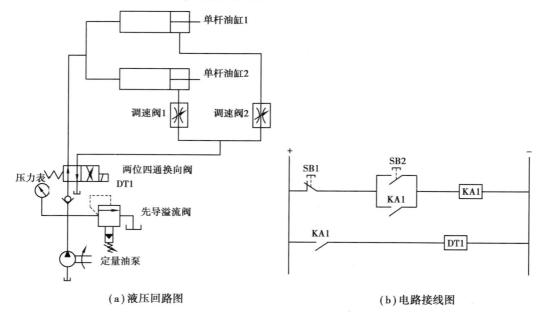

（a）液压回路图　　　　　　　　　　　　　（b）电路接线图

图 7.15　实训 7.4 液压回路图与电路接线图

（4）注意事项

①两调速阀的进油口接在同一个换向阀的出口处。

②单向阀的进、出口方向不要接反。

（5）实训考核表

表 7.6　实训考核表

班级		姓名		组别		日期	
实训名称							
任务要求	1. 正确分析并联调速阀同步回路的液压回路结构						
	2. 能按操作步骤安装各液压元件						
	3. 会分析两液压缸实现同步的原理						
	4. 遵守安全操作规程,正确使用工具						
思考题	1. 通过实训观察说出并联调速阀同步回路的工作过程						
	2. 通过实训观察分析两调速阀的工作过程						

续表

	序号	考核内容	分值	评分标准	得分
考核评价	1	按操作步骤规范安装连接液压回路和电路	20	操作规范,操作正确	
	2	能正确回答思考题	30	回答问题正确	
	3	安全文明操作	20	遵守安全操作规范,无事故发生	
	4	团队协作	20	与他人合作有效	
	5	"7S"素养	10	实训平台干净整洁、元件分类摆放	
总分					

项目 8
液压系统的分析与组建

项目描述

以分析 YT4543 型动力滑台液压系统为例,学习者需了解液压设备的功用及工作循环;根据设备动作要求,参照电磁铁动作顺序表,分析液体流动路线,归纳液压系统的工作特点,最终掌握阅读和分析各类液压系统图的方法。同时,能熟练在 FluidSIM 软件中搭建、调试、试运行复杂的液压回路。

项目知识框架

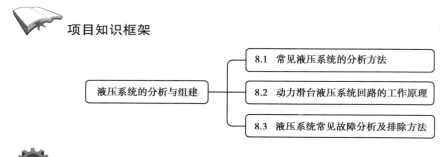

液压系统的分析与组建

- 8.1 常见液压系统的分析方法
- 8.2 动力滑台液压系统回路的工作原理
- 8.3 液压系统常见故障分析及排除方法

项目引入

液压传动技术应用领域广泛,液压系统种类繁多。液压系统所服务的主机的工作循环、动作特点等各不相同,相应的各液压系统的组成、作用和特点也不尽相同。通过以下对液压系统的分析,进一步熟悉各液压元件在系统中的作用和各种基本回路的组成,并掌握分析液压系统的方法和步骤。

本项目通过对组合机床动力滑台液压系统进行分析,阐述这些设备的工作原理、过程和特点,为液压系统的分析提供方法,通过仿真软件来搭建组合机床动力滑台液压系统并调试运行,为液压系统的设计提供经验。

组合机床是一种在制造领域中用途广泛的半自动专用机床,这种机床既可以单机使用,也可以多机配套组成加工自动线。组合机床由通用部件(如动力头、动力滑台、床身、立柱等)和专用部件(如专用动力箱、专用夹具等)两大类部件组成,有卧式、立式、倾斜式、多面组合式多种结构形式。卧式组合机床的结构如图 8.1 所示。组合机床具有加工精度较高、生产效率高、自动化程度高、设计制造周期短、制造成本低、通用部件能够被重复使用等诸多优点,广泛应用于大批量生产的机械加工流水线或自动线中,如汽车零部件制造中的许多生产线。

　　组合机床的主运动由动力头或动力箱实现,进给运动由动力滑台的运动实现,动力滑台与动力头或动力箱配套使用,可以对零件完成钻孔、扩孔、铰孔、镗孔、铣平面、拉平面或圆弧、攻丝等孔和平面的多种机械加工工序。它要求液压传动系统完成的进给运动为:快进→第一次工作进给→第二次工作进给→挡铁停留→快退→原位停止,同时还要求系统工作稳定,效率高。那么,液压动力滑台的液压系统是如何完成工作的呢?

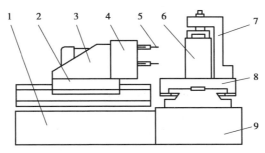

图 8.1　卧式组合机床的结构

1—床身;2—动力滑台;3—动力头;4—主轴箱;5—刀具;6—零件;7—夹具;8—工作台;9—底座

项目分析

　　要达到液压动力滑台工作时的性能要求,就要将液压元件有机地结合,形成完整有效的液压控制回路。在液压动力滑台中,其实是由液压缸带动主轴头完成整个进给运动的,液压系统回路的核心问题是如何控制液压缸的动作。以 YT4543 型动力滑台的液压传动系统回路为例进行分析。

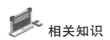**相关知识**

8.1　常见液压系统的分析方法

　　液压传动系统是根据机械设备的工作要求,选用适当的液压基本回路经过有机组合而成。阅读一个较复杂的液压系统图,大致可按以下步骤进行:

　　①了解机械设备工况对液压系统的要求,了解工作循环中的各个工步对力、速度和方向这 3 个参数的要求。

　　②初读液压系统图,了解系统中包含哪些元件,且以执行元件为中心,将系统分解为若干个工作单元。

　　③先单独分析每一个子系统,了解其执行元件与相应的阀、泵之间的关系和基本回路。参照电磁铁动作表和执行元件的动作要求,厘清其液体流经路线。

　　④根据系统中对各执行元件间的互锁、同步、防干扰等要求,分析各子系统之间的联系以及如何实现这些控制要求。

　　⑤在全面读懂液压系统原理图的基础上,根据系统所使用的基本回路的性能,对系统进

行综合分析,归纳总结整个液压系统的特点,加深对液压系统的理解。

液压传动系统种类繁多,它的应用涉及机械制造、轻工、纺织、工程机械、船舶、航空、航天等各个领域,但根据其工作情况,以及液压传动系统的工况要求与特点不同,可分为表 8.1 中的几种。

表 8.1　液压系统的工况及特点

系统名称	液压系统的工况要求和特点
以速度变换为主的液压系统(如组合机床系统)	1. 能实现工作部件的自动工作循环,生产效率较高 2. 快进与工作进给时,其速度与负载相差较大 3. 要求进给速度平稳,刚性好,有较大的调速范围 4. 进给行程终点的重复位置精度高,有严格的顺序动作
以换向精度为主的液压系统(如磨床系统)	1. 要求运动平稳性高,有较低的稳定速度 2. 启动与制动迅速平稳,无冲击,有较高的换向频率(最高可达 150 次/min) 3. 换向精度高,换向前停留时间可调
以压力变换为主的液压系统(如液压机系统)	1. 系统压力要能经常变换调节,且能产生很大的推力 2. 空行程时速度大,加压时推力大,功率利用合理 3. 系统多采用高、低压泵组合或恒功率变量泵供油,以满足空程与压制时其速度与压力的变化
多个执行元件配合工作的液压系统(如机械手液压系统)	1. 在各执行元件动作频繁换接、压力急剧变化的情况下,系统足够可靠,避免误动作 2. 能实现严格的顺序动作,完成工作部件规定的工作循环 3. 满足各执行元件对速度、压力及换向精度的要求

8.2　动力滑台液压系统回路的工作原理

YT4543 型动力滑台是一种使用广泛的通用液压动力滑台,该滑台由液压缸驱动,在电气和机械装置的配合下可以实现多种自动加工工作循环。该动力滑台液压系统最高工作压力可达 6.3 MPa,属于中低压系统。

如图 8.2 所示为 YT4543 型动力滑台的液压系统工作原理,该系统采用限压式变量泵供油、电液动换向阀换向,快进由液压缸差动连接来实现。用行程阀实现快进与工作进给的转换,二位二通电磁换向阀用来进行两个工作进给速度之间的转换,为了保证尺寸精度,采用挡块停留来限位。实现的工作循环为:工作循环为快进→第一次工作进给→第二次工作进给→止挡块停留→快退→原位停止。

8.2.1　动力滑台液压系统回路的工作原理

(1)快进

如图 8.2 所示,按下启动按钮,电磁铁 1YA 得电,电液换向阀 6 的先导阀阀芯向右移动从而引起主阀芯向右移,使其左位接入系统,形成差动连接。其主油路如下:

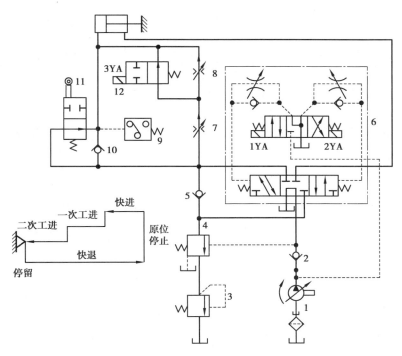

图 8.2　YT4543 型动力滑台的液压系统工作原理图

1—变量泵;2,5,10—单向阀;3—背压阀;4—外控顺序阀;6—液动阀(电液动换向阀);
7,8—调速阀;9—压力继电器;11—行程阀;12—二位二通电磁换向阀

进油路:泵 1→单向阀 2→换向阀 6 左位→行程阀 11 下位→液压缸左腔。

回油路:液压缸的右腔→换向阀 6 左位→单向阀 5→行程阀 11 下位→液压缸左腔。

(2)第一次工作进给

当滑台快速运动到预定位置时,滑台上的行程挡块压下了行程阀 11 的阀芯,切断了该通道,压力油需经调速阀 7 进入液压缸的左腔。由于油液流经调速阀,因此系统压力上升,打开液控顺序阀 4,此时,单向阀 5 的上部压力大于下部压力,单向阀 5 关闭,切断了液压缸的差动回路,回油经液控顺序阀 4 和背压阀 3 流回油箱,从而使滑台转换为第一次工作进给。其主油路如下:

进油路:泵 1→单向阀 2→换向阀 6 左位→调速阀 7→换向阀 12 右位→液压缸左腔。

回油路:液压缸右腔→换向阀 6 左位→顺序阀 4→背压阀 3→油箱。

因为工作进给时,系统压力升高,所以变量泵 1 的输油量便自动减小,以适应工作进给的需要。其中,进给量大小由调速阀 7 调节。

(3)第二次工作进给

第一次工作进给结束后,行程挡块压下行程开关,使 3YA 通电,二位二通换向阀将通路切断,进油必须经调速阀 7 和调速阀 8 才能进入液压缸,此时,由于调速阀 8 的开口量小于调速阀 7 的开口量,所以进给速度再次降低,其他油路情况同一工进。

(4)止挡块停留

当滑台工作进给完毕之后,碰上止挡块的滑台不再前进,停留在止挡块处,同时,系统压力升高,当升高到压力继电器 9 的调定值时,压力继电器动作,经过时间继电器的延时,再发出信号使滑台返回,滑台的停留时间可由时间继电器在一定范围内调整。

(5)快退

时间继电器经延时发出信号,2YA 通电,1YA,3YA 断电,其主油路如下:

进油路:泵 1→单向阀 2→换向阀 6 右位→液压缸右腔。

回油路:液压缸左腔→单向阀 10→换向阀 6 右位→油箱。

(6)原位停止

当滑台退回到原位时,行程挡块压下行程开关,发出信号,使 2YA 断电,换向阀 6 处于中位,液压缸失去液压动力源,滑台停止运动。液压泵输出的油液经换向阀 6 直接回到油箱,泵卸荷。该系统的各电磁铁及行程阀动作见表 8.2。

表 8.2 动力滑台电磁铁和行程阀动作顺序表

电磁铁、行程阀动作	电磁铁			行程阀
	1YA	2YA	3YA	
快进	+	−	−	−
一次工进	+	−	−	+
二次工进	+	−	+	+
止挡块停留	+	−	+	+
快退	−	+	−	+
原位停止	−	−	−	−

注:"+"表示换向阀通电、行程阀被压下;"−"表示换向阀断电、行程阀复位。

8.2.2 YT4543 型动力滑台液压系统中的基本回路

YT4543 型动力滑台液压系统主要由下列基本回路组成:

①限压式变量泵、调速阀、背压阀组成的容积节流调速回路。

②差动连接的快速运动回路。

③电液换向阀(由先导电磁阀和液动阀组成)的换向回路。

④行程阀和电磁阀的速度换接回路。

⑤串联调速阀的第二次工作进给回路。

⑥采用 M 型中位机能三位换向阀的卸荷回路。

系统中有 3 个单向阀,其中,单向阀 5 的作用是在工进时隔离进油路和回油路。单向阀 2 除有保护液压泵免受液压冲击的作用外,还能在系统卸荷时使电液换向阀的先导控制油路一定的控制压力,以确保实现换向动作。单向阀 10 的作用则是确保实现快退。

8.2.3 YT4543 型动力滑台液压系统的特点

YT4543 型动力滑台液压系统具有以下特点:

①系统采用了限压式变量叶片泵—调速阀(背压阀式)的调速回路,能保证稳定的低速运动(进给速度最小可达 6.6 mm/min)、较好的速度刚性和较大的调速范围。

②系统采用了限压式变量泵和差动连接式液压缸来实现快进,能源利用比较合理。当滑

台停止运动时,换向阀使液压泵在低压下卸荷,减少了能量损耗。

③系统采用了行程阀和顺序阀实现快进与工进的换接,不仅简化了电气回路,而且使动作可靠,换接精度比电气控制高。至于两个工件之间的换接,由于两者速度都比较低,因此采用电磁阀完全能保证换接精度。

8.3 液压系统常见故障分析及排除方法

引起液压系统故障的原因多种多样,有的是机械、电气等外界因素引起的,有的是液压系统中的综合因素引起的。由于液压系统是封闭的,所以不能从外部直接观察,检测也不方便。当液压系统出现故障时,绝不能毫无根据地乱拆,更不能把系统中的元件全部拆下来检查。设备检修人员可采用"四觉诊断法",分析判断故障产生的部位和原因,从而决定排除故障的方法和措施。

所谓四觉诊断法,即指检修人员运用触觉、视觉、听觉和嗅觉来分析判断液压系统的故障。

①触觉:即指检修人员根据触觉来判断油温的高低(元件及其管道)和振动的大小。

②视觉:对机构运动无力、运动不稳定、泄漏、油液变色等现象,倘若检修人员有一定的经验,完全可以凭视觉的观察,作出一定的判断。

③听觉:即指检修人员通过听觉,根据液压泵、液压马达的异常声响,溢流阀的尖叫声,油管的振动声等来判断噪声和振动的大小。

④嗅觉:即指检修人员通过嗅觉,判断油液变质、液压泵发热烧结等故障。

(1)液压系统的工作压力失常,压力上不去

压力是液压系统的两个基本参数之一,在很大程度上决定了液压系统工作性能的优劣。工作压力的大小取决于外负载的大小。工作压力失常表现在:当对液压系统进行调整时,出现调压阀失效,系统压力无法建立(压力不够)或者完全无压力,或者压力调不下来,或者上升后又下降以及压力不稳定。

1)压力失常的影响

①液压系统不能实现正确的工作循环,特别是在压力控制的顺序动作回路中。

②执行部件处于原始位置不动作,液压设备不能工作。

③伴随出现噪声、执行运动部件速度显著降低等故障,甚至产生爬行。

2)压力失常产生的原因

①油泵原因造成的无流量输出或输出流量不够。

a.油泵转向不对,根本无压力油输出,系统没有压力。

b.电动机转速过低,功率不足,或者油泵使用过久内部磨损,内泄漏大,容积效率低,导致油泵输出流量不够,系统压力低。

c.油泵进出口装反,而泵又是不可反转泵,不但不能上油,还会冲坏油封。

d.其他原因。如泵吸油管太细,吸油管密封不好,漏气,油液黏度太高,滤油器被杂质污染堵塞,造成泵吸油阻力大产生吸空现象,使泵的输出流量不够,系统压力上不去。

②溢流阀等压力调节阀故障。溢流阀故障有两个方面:一是阀芯卡死在大开口位置,油

泵输出的压力油短路流回油箱致使压力上不去;二是阀芯卡死在关闭阀口的位置,系统压力降不下来。造成阀芯卡死的原因有阻尼孔堵塞,调压弹簧折断等。

③在工作过程中发现压力上不去或压力下不来,很可能是换向阀失灵,导致系统卸荷或封闭;或由阀芯与阀体配合面严重磨损所致。

④卸荷阀卡死在卸荷位置,系统总是卸荷,压力上不去。

⑤系统存在内外泄漏,如泵泄漏、执行元件泄漏、控制元件泄漏、元件外泄漏等。

3)压力失常排除方法

先检查油泵电机转向是否正确,电动机功率是否匹配,然后开机;看溢流阀溢出口是否有油液流出;调节溢流阀的压力,判断溢流阀是否有问题;在没有问题的情况下,检查是否有外部泄漏。如果上述都没有问题,液压缸泄漏的可能性很大;如果液压缸是新的或者刚修过,可能是密封部位太紧;如果没有这些问题,就是换向阀泄漏。新安装系统压力上不去,多是溢流阀的原因。

(2)欠速

1)欠速的现象

液压设备执行元件(油缸或马达)的欠速包括两种情况:一是快速运动(快进)时速度不够快,不能达到设计值和新设备的规定值;二是在负载下其工作速度随负载的增加显著降低,特别是大型液压设备,这一现象尤为显著,速度一般与流量有关。

2)欠速产生的原因

①快速运动速度不够的原因。

a.液压泵的输出流量不够或输出压力不足。

b.溢流阀故障导致部分油液流回油箱。

c.系统的内泄漏严重。

d.快进时阻力大,如导轨润滑断油或不足,安装过紧导致的摩擦力大等。

②工作进给时,在负载下工进速度明显降低,即使开大调速阀故障依然存在。

a.系统在负载下,工作压力增大,泄漏增加,调好的速度因内外泄漏的增大而减少。

b.系统油温升高,泄漏增加,有效流量减少。

c.液压系统设计不合理,当负载变化时,进入执行元件的流量也变化,引起速度的变化。

d.油液中混有杂质,堵塞调速阀的节流口,造成工进速度降低,时堵时通,造成速度不稳。

e.系统内进入空气。

③欠速排除方法。

a.检查液压泵输出流量和输出压力是否存在问题。

b.检查溢流阀是否存在问题。

c.适当减小导轨或执行元件的密封进度。

d.检查油液的污染情况。

e.开机时排除执行元件中的空气。

f.上述问题解决后仍然存在问题,就是执行元件或换向元件内泄漏严重,先更换换向阀,问题仍存在,检修执行元件。

(3)液压元件常见故障与排除

液压元件常见故障分析及排除方法见表8.3。

表 8.3　液压元件常见故障分析及排除方法

故障现象	故障分析	排除方法
油温过高	1. 管道过细、过长，弯曲过多，截面变化过于频繁，造成压力损失过大 2. 油液黏度不合适 3. 管路缺乏清洗和保养，增大了压力油流动时的压力损失 4. 系统中各连接处、配合间隙处内外泄漏严重造成容积损耗过大 5. 油箱容积过小或散热条件差 6. 压力调整过高，泵在高压下工作时间过长 7. 相对运动部件安装精度差、润滑不良和密封件调整过紧，摩擦力太大	1. 改变管道规格相关形状 2. 选用黏度合适的液压油 3. 对管道定期清洗和保养 4. 检查泄漏部位，防止内外泄漏 5. 改善散热条件，适当增加油箱容量 6. 在保证系统正常工作的条件下，尽可能地下调压力 7. 保证安装精度达到规定的技术要求，改善润滑条件，合理调整密封件松紧程度
液压缸爬行	1. 密封装置密封不严或损坏，系统进入空气 2. 液压泵吸空 3. 液压元件内零件磨损，间隙过大，引起输油量、压力不足或波动 4. 润滑不良，摩擦力增加 5. 导轨间隙的楔铁或压板调得过紧或弯曲	1. 调整密封装置，更换损坏的密封元件 2. 改善吸油条件 3. 修复或更换磨损严重的零件 4. 适当调节润滑油的压力和流量 5. 重新调整导轨或修复
产生振动和噪声	1. 吸油管过细、过长 2. 吸油口滤油器堵塞或通流面积过小 3. 液压泵吸油位置过高 4. 油箱油量不足，油面过低 5. 吸油管浸入油面以下太浅 6. 油液的黏度过大 7. 吸油管路密封不严，吸入空气 8. 吸油管离回油管过近 9. 回油管没有浸入油箱 10. 压力管道过长没有固定或没有减振元件	1. 更换管路 2. 清洗或更换滤油器 3. 降低泵的吸入高度 4. 补充油液至游标线指示的高度 5. 加大吸油管浸入油箱的深度 6. 选用黏度适当的液压油 7. 严格密封吸油管连接处 8. 增大吸油管和回油管的距离 9. 使回油管浸入油箱 10. 加设固定管卡，增设隔振垫
系统无压力或压力不足	1. 动力不足 2. 液压元件和连接处，内外泄漏严重 3. 溢流阀出现故障 4. 压力油路上的各种压力阀的阀芯被卡住，导致泵卸荷	1. 检查动力源 2. 修理或更换相关元件 3. 检修溢流阀 4. 清洗或修复有关的压力阀
系统流量不足	1. 液压泵转速过低 2. 液压泵吸空 3. 溢流阀调定压力偏低，溢流量偏大 4. 有相对运动的液压元件磨损严重，系统中各连接处密封不严，内外泄漏严重	1. 将泵转速调到规定值 2. 改善吸油条件 3. 重新调整溢流阀压力 4. 修复元件，更换密封件

 **课后练习题**

问答题

8.1　阅读一个较复杂的液压系统图的步骤是什么？

8.2 如图8.2所示,YT4543型动力滑台的液压系统原理图中外控顺序阀的作用是什么?

8.3 运用所学知识,根据YT4543型动力滑台的液压系统工作原理,设计其控制电路。

8.4 何谓"四觉诊断法"?设备检修人员如何采用"四觉诊断法"分析判断故障产生的部位和原因?

 实战训练

实训 组合机床动力滑台液压系统仿真搭建与调试运行

(1)实训目的

①了解液压与气压传动仿真软件FluidSIM的基本使用方法。

②通过使用FluidSIM软件搭建组合机床动力滑台液压仿真系统并完成调试运行。

(2)实训条件

液压与气压传动仿真软件FluidSIM 3.6-H。

(3)操作步骤

①运用液压与气压传动仿真软件FluidSIM 3.6-H,新建工程打开窗口。

②根据YT4543型动力滑台的液压系统工作原理图(图8.3),选择以下元件并拖动到工作区。

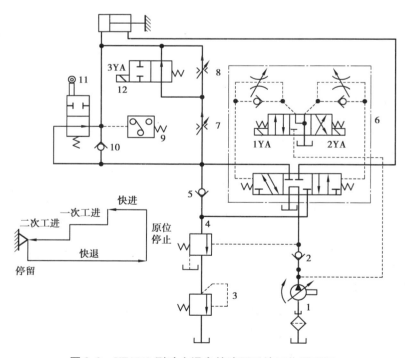

图8.3 YT4543型动力滑台的液压系统工作原理图

1—变量泵;2,5,10—单向阀;3—背压阀;4—外控顺序阀;6—液动阀(电液动换向阀);

7,8—调速阀;9—压力继电器;11—行程阀;12—二位二通电磁换向阀

③优化相应元件位置,并设置相应元件参数。

④选择相应元件的油口进行管路连接。

⑤进行液压回路的仿真运行,以检查液压回路是否正确。

⑥进行电气回路的设计与仿真。运用所学知识,根据 YT4543 型动力滑台的液压系统工作原理,设计其控制电路;绘制控制电路图,进行动力滑台的液压系统的仿真运行。

(4)实训考核表

表 8.4　实训考核表

班级		姓名		组别		日期	
实训名称							
任务要求	1. 认识动力滑台液压系统元件及了解相应元件的作用						
	2. 能分析 YT4543 型动力滑台的液压系统工作原理						
	3. 会运用 FluidSIM 搭建仿真系统与实现系统调试运行						
	4. 能运用所学知识进行动力滑台的液压系统电气控制线路设计						
思考题	1. 请尝试分析 YT4543 型动力滑台的液压系统工作原理						
	2. 请尝试对动力滑台的液压系统电气控制线路进行设计						

	序号	考核内容	分值	评分标准	得分
考核评价	1	能完成动力滑台的液压系统搭建	40	操作规范,操作正确	
	2	动力滑台的液压系统仿真运行	30	能仿真运行	
	3	安全文明操作	10	遵守安全操作规范,无事故发生	
	4	团队协作	10	与他人合作有效	
	5	"7S"素养	10	实训平台干净整洁、元件分类摆放	
		总分			

项目 9
气压传动技术的应用

项目描述

本项目以料仓自动取料装置为例引入气压传动技术知识,并融入 PLC 技术分析其气动系统设计过程。通过多个实训项目训练,巩固液压与气动理论综合知识,提高综合实践应用能力。

项目知识框架

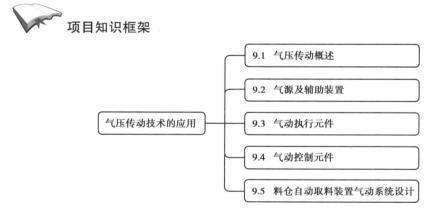

气压传动技术的应用
- 9.1 气压传动概述
- 9.2 气源及辅助装置
- 9.3 气动执行元件
- 9.4 气动控制元件
- 9.5 料仓自动取料装置气动系统设计

项目引入

料仓自动取料系统主要由料仓系统、末端夹持系统、控制系统、安全防护系统、工业机器人等组成的自动化系统等,具有速度快、柔性高、效能高、精度高、无污染等优点,可以实现对圆盘类、长轴类、不规则形状、金属板类等零件的自动上下料、零件翻转、零件转序等工作,且不依靠机床的控制器进行控制,机械手采用独立的控制模块,不影响机床运转,有很高的效率和产品质量稳定性,结构简单易于维护,可以满足不同种类产品的生产。

现有一料仓自动取料装置(图 9.1),其工作原理是通过气缸 A 的运动实现从料仓中取出物料,通过气缸 B 的运动把物料推下滑槽,使物料自动进入包装箱中。该装置通过气缸行程端点的 4 个磁性开关 S1—S4 对物料位置进行检测,用 PLC 对其进行动作控制。

其控制要求如下:按下系统的启动按钮,当光电传感器 SP1 检测到包装箱运送到位后,气缸 A 伸出,将工件从料仓底部推出。当磁性开关 S1 检测到缸 A 伸出到位后,气缸 B 才能伸

146

出将工件推入输送滑槽,工件完成自动装箱。当磁性开关 S2 检测到气缸 B 伸出到位延时 5 s 后,气缸 A 退回,磁性开关 S3 检测到气缸 A 退回后,气缸 B 才能退回,从而完成一次工件取料输送。当磁性开关 S4 检测到气缸 B 退回到位延时 10 s 后,才允许气缸再次伸出。接下来依次重复上述工作过程。当按下停止按钮时,整个系统停止工作。包装箱由步进电机带动传送带进行传送。料仓底部装有光电传感器 SP2 检测是否还有工件,当无物料时,传感器发出信号,程序控制系统停止工作。

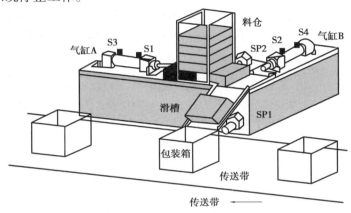

图 9.1　料仓自动取料装置结构原理图

 项目分析

根据上述控制过程,整个工作过程由 PLC 进行程序控制,其工作流程如图 9.2 所示。

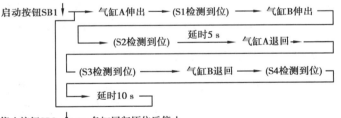

图 9.2　料仓自动取料装置工作流程图

料仓自动取料装置控制过程分析,其气动系统原理如图 9.3 所示,系统的气源 1 将采用静音空气压缩机,额定输出气压 1 MPa,额定流量 116 L/min。系统的执行元件就是上文提及的两个单杆双作用气缸 A 和气缸 B,其主控阀为二位五通气控换向阀 7 和 8,阀 7 的控制气流由二位三通电磁换向阀 3 和 4 交替控制切换,阀 8 的控制气流由二位三通电磁换向阀 5 和 6 交替控制切换。阀 3—6 的电磁铁 1YA—4YA 通断电的信号源是两只气缸行程端点的 4 个磁性开关 S1—S4。单向节流阀 9 和 10 用于气缸 A 和气缸 B 伸出时的进气节流调速。系统工作时,当磁性开关检测到气缸所处的位置时会将信号送给 PLC,由程序控制电磁阀的通断电使电磁阀控制气控换向阀换向,就可以控制两个气缸的伸缩运动顺序来完成取料装箱的过程。请结合图 9.2 所示工作流程,了解各工况下各电磁铁的通断电情况及系统的气流路线,请设计其电气控制系统。

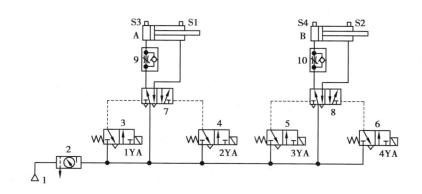

图9.3　料仓自动取料装置气动系统原理图

1—气源;2—气动三联件;3,4,5,6—二位三通电磁换向阀;7,8—二位五通气控换向阀;

9,10—单向节流阀;A,B—气缸;S1,S2,S3,S4—磁性开关

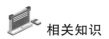相关知识

9.1　气压传动概述

气动技术是气压传动与控制技术的简称,是以压缩空气作为动力源驱动气动执行元件完成一定运动规律的应用技术,是实现各种生产控制、自动化控制的重要手段之一。

气动技术在工业生产中应用十分广泛,它可以应用于包装、进给、计量、材料的输送、工件的转动与翻转、工件的分类等场合,还可用于车、铣、钻、锯等机械加工的过程。

9.1.1　气压传动系统的工作原理及组成

气压传动系统先将机械能转换成压力能,然后通过各种元件组成的控制回路来实现能量的调控,最终将压力能转换成机械能,使执行机构实现预定的功能,按照预定的程序完成相应的动力与运动输出。气动装置所用的压缩空气是弹性流体,它的体积、压强和温度3个状态参量之间互为函数的关系,在气压传动过程中,不仅要考虑力学平衡,而且要考虑热力学的平衡。

典型的气压传动系统如图9.4所示,其元件及装置可分为以下几类:

①气源装置:它将原动机输出的机械能转变为空气的压力能,其主要设备是空气压缩机。

②气动执行元件:是指将压力能转换为机械能的能量转换装置,如气缸和气动马达。

③气动控制元件:是指控制气体的压力、流量及流动方向,以保证执行元件具有一定的输出力和速度并按设计程序正常工作的元件,如各种压力阀、流量阀、逻辑阀和方向阀等。

④气动辅件:是指辅助保证空气系统正常工作的一些装置,其主要作用是使压缩空气净化、润滑、消声以及用于元件间连接等,如过滤器、油雾器、消声器、管道和管接头等。

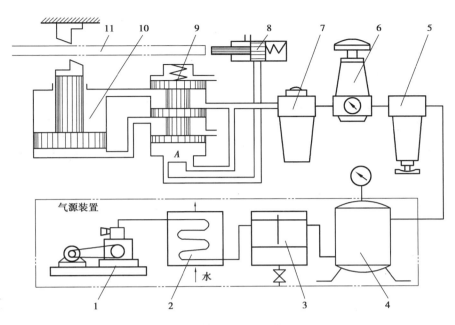

图9.4　气动剪切机的工作原理图

1—空气压缩机(活塞式);2—冷却器;3—分水排水器;4—储气罐;5—过滤器;
6—减压阀;7—油雾器;8—行程阀;9—换向阀;10—气缸;11—工料

9.1.2　气压传动系统的优缺点

气动技术被广泛应用于机械电子、轻工、纺织、食品、医药、包装、冶金、石化、航空及交通运输等领域。它们在提高生产效率、自动化程度、产品质量、工作可靠性和实现特殊工艺等方面显示出极大的优越性。

与机械电气液压传动相比,气压传动具有以下特点:

(1)气压传动系统的优点

①工作介质为空气,随处可取,且取之不尽,节省了购买、储存、运输介质的费用和麻烦;使用后的空气直接排入大气,对环境无污染,处理方便,不必设置回收管路,不存在介质变质、补充和更换等问题。

②空气流动阻力小、压力损失小,便于集中供气和远距离输送。

③与液压相比,气动反应快,动作迅速,维护简单,管路不易堵塞。

④气动元件结构简单,制造容易,易于实现标准化、系列化、通用化。

⑤气动系统对工作环境适应性好,特别在易燃、易爆、多尘埃、强磁、辐射及振动等恶劣工作环境中工作时,其安全可靠性优于液压、电子和电气系统。

⑥气压传动装置结构简单、质量小、安装维护方便、压力等级低、使用安全。

⑦气压传动系统能实现过载自动保护。

(2)气压传动的缺点

①空气具有可压缩性,当载荷变化时,气动系统的动作稳定性差。

②空气工作压力较低,因结构尺寸不宜过大,故输出动力及输出功率较小。

③压缩空气没有自润滑性,需要另设装置进行给油润滑。

气压传动与其他传动方式的性能比较见表 9.1。

表 9.1　气压传动与其他传动的性能比较

类型		操作力	动作快慢	环境要求	构造	负载变化影响	操作距离	无级调速	工作寿命	维护	价格
气压传动		中等	较快	适应性好	简单	较大	中距离	较好	长	一般	便宜
液压传动		最大	较慢	不怕振动	复杂	有一些	短距离	良好	一般	要求高	稍贵
电传动	电气	中等	快	要求高	稍复杂	几乎没有	远距离	良好	较短	要求较高	稍贵
	电子	最小	最快	要求特高	最复杂	没有	远距离	良好	短	要求更高	最贵
机械传动		较大	一般	一般	一般	没有	短距离	较困难	一般	简单	一般

9.2　气源及辅助装置

气源装置是用来产生具有足够压力和流量的压缩空气并将其净化、处理及储存的一套装置。气源装置一般由 3 个部分组成,如图 9.5 所示。

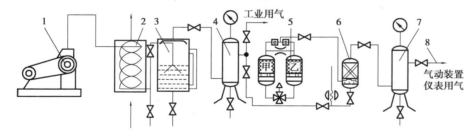

图 9.5　典型气源系统组成示意图

1—空气压缩机;2—后冷却器;3—除油器;4,7—储气罐;5—干燥器;6—过滤器;8—输气管道

图 9.5 所示为典型的气源系统,其主要由以下元件组成:

①产生压缩空气的气压发生装置,如空气压缩机。

②净化压缩空气的辅助装置和设备,如过滤器、油水分离器、干燥器等。

③输送压缩空气的供气管道系统。

9.2.1　气源装置

(1)作用与分类

空气压缩机是将机械能转变为气体压力能的装置,满足气动设备对压缩空气压力(p)和流量(Q)的要求,是启动系统的动力源。一般有活塞式、膜片式、螺杆式等类型,其中气压系统最常使用的机型为活塞式压缩机。

(2)活塞式空压机工作原理

活塞式空压机工作原理图如图 9.6(a)所示。活塞式空压机是通过曲柄连杆机构使活塞做往复运动而实现吸、压气,并达到提高气体压力的目的。曲柄 7 由原动机(电动机)带动旋转,驱动活塞3在气缸体2内往复运动。当活塞向右运动时,气缸内容积增大而形成部分真空,活塞左腔的压力低于大气压力,吸气阀8开启,外界空气进入缸内,这个过程称为"吸气过程";当活塞反向运动时,吸气阀关闭,随着活塞的左移,缸内压力高于输出气管内压力后,排气阀1被打开,压缩空气被送至输出气管内,这个过程称为"排气过程"。曲柄旋转一周,活塞往复行程一次,即完成一个工作循环。如图9.6(b)、图9.6(c)所示分别为其图形符号图和实体图。

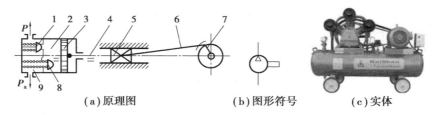

（a）原理图　　　　　　（b）图形符号　　　　（c）实体

图9.6　活塞式空压机工作原理图

1—排气阀;2—气缸体;3—活塞;4—活塞杆;5—十字头;6—连杆;7—曲柄;8—吸气阀;9—弹簧

（3）选用原则

选用空气压缩机的根据是气压传动系统所需要的工作压力和流量两个参数。按工作压力分,第1种低压空气压缩机,排气压力为0.2 MPa;第2种是空气压缩机为中压空气压缩机,额定排气压力为1 MPa;第3种是高压空气压缩机,排气压力为10 MPa;第4种为超高压空气压缩机,排气压力为100 MPa。

输出流量的选择要根据整个气动系统对压缩空气的需要再加一定的备用余量,作为选择空气压缩机的流量依据。空气压缩机铭牌上的流量是自由空气流量。

（4）空气压缩机安全技术操作方法

①开车前应检查空气压缩机曲轴箱内油位是否正常,各螺栓是否松动,压力表、气阀是否完好,压缩机必须安装在平稳牢固的基础上。

②压缩机的工作压力不允许超过额定排气压力,以免超负荷运转而损坏压缩机和烧毁电动机。

③不要用手去触摸压缩机气缸头、缸体、排气管,以免温度过高而烫伤。

日常工作结束后,要切断电源,放掉压缩机储气罐中的压缩空气,打开储气罐下边的排污阀,放掉气凝水和油污。

9.2.2　气动辅助元件

气动辅助元件分为气源净化装置和其他辅助元件两大类。

（1）气源净化装置

压缩空气净化装置一般包括后冷却器、油水分离器、储气罐、空气干燥器、过滤器等。

1）后冷却器

后冷却器安装在空气压缩机出口处的管道上。它的作用是将空气压缩机排出的压缩空气温度由140～170 ℃降至40～50 ℃。这样就可以使压缩空气中的油雾和水汽迅速达到饱和,使其大部分析出并凝结成油滴和水滴,以便经油水分离器排出。后冷却器的结构形式有蛇形管式、列管式、散热片式、管套式。

后冷却器的冷却方式有水冷和风冷两种方式。

①风冷式后冷却器。如图9.7(a)所示为风冷式后冷却器,其工作原理是压缩空气通过一束束管道,由风扇产生的冷空气,强迫吹向管道,冷热空气在管道壁面进行热交换,被冷却的压缩空气输出口温度大约比室温高15 ℃。风冷式后冷却器能将压缩机产生的高温压缩空气冷却到40 ℃以下,能有效地除去空气中的水分。它具有结构紧凑,质量轻,安装空间小,便于维修,运行成本低等优点,但处理气量较少。

②水冷式后冷却器。如图9.7(b)所示为水冷式后冷却器,其工作原理是压缩空气在管内流动,冷却水在管外水套中流动,在管道壁面进行热交换。水冷式后冷却器出口空气温度约比冷却水的温度高10 ℃。水冷式后冷却器散热面积比风冷式大许多倍,热交换均匀,分水效率高。它具有结构简单,使用和维修方便的优点,使用较广泛。

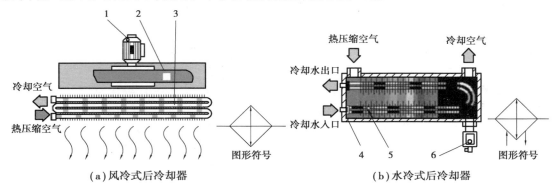

(a)风冷式后冷却器　　　　　　　　　　(b)水冷式后冷却器

图9.7　后冷却器

1—风扇电动机;2—风扇;3—热交换器;4—外壳;5—冷却水管;6—自动排水器

2)油水分离器(除油器)

油水分离器(图9.8)安装在后冷却器出口管道上,它的作用是分离并排出压缩空气中凝聚的油分、水分和灰尘杂质等,使压缩空气得到初步净化。

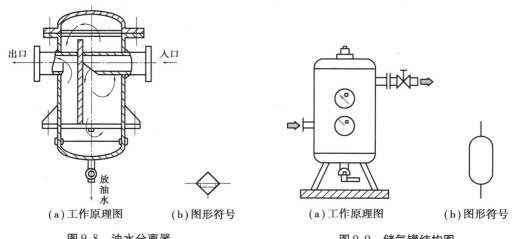

(a)工作原理图　　(b)图形符号　　　　　　(a)工作原理图　　(b)图形符号

图9.8　油水分离器　　　　　　　　　　图9.9　储气罐结构图

3)储气罐

储气罐的作用是储存一定数量的压缩空气;消除压力波动,保证输出气流的连续性;调节用气量或以备发生故障和临时需要应急使用;进一步分离压缩空气中的水分和油分。对活塞式空压机,应考虑在压缩机和后冷却器之间安装缓冲气罐,以消除空压机输出压力的脉动,保护后冷却器;而螺杆式空压机,输出压力比较平稳,一般不必加缓冲气罐。

一般气动系统中的气罐多为立式,它用钢板焊接而成,并装有放泄过剩压力的安全阀、指示罐内压力的压力表和排放冷凝水的排水阀,如图 9.9 所示。

为了保证储气罐的安全及维修方便,应设置下列附件:

①安全阀。使用时应调整其极限压力比储气罐工作压力高 10%。

②清理检查用的入孔或手孔。

③指示储气罐内空气压力的压力表。

④储气罐底部应有用于排放油水等污染物的接管和阀门。

⑤储气罐空气进出口应装有闸阀。

4)空气干燥器

空气干燥器的作用是用于除去压缩空气中的水分,得到干燥空气。它在气动元件中属于大型、高价元件。

压缩空气中的水分除了会对气动元件和配管产生腐蚀外,对油漆、电镀和塑料制品表面的变质,气泡的产生,润滑油的稀释,化学药品和食品的污染等有很大的影响。在气源净化处理上,水分是应该与油分、灰尘同等考虑的重要因素之一。在考虑气源净化时,应尽量安装空气干燥器。

根据除去水分的方法不同,工业上常用的干燥器有冷冻式干燥器、吸附式干燥器和高分子隔膜式干燥器。

冷冻式空气干燥器的工作原理如图 9.10 所示,最初进入空气干燥器的是湿热空气,先在热交换器中靠已除湿的干燥冷空气预冷却。然后进入冷却装置,被制冷剂冷却到 2～5 ℃以除湿。最后,冷凝变成的水滴被分水排水器排走,而除湿后的冷空气进入热交换器,被入口进来的暖空气加热,其湿度降低后由出口输出。

吸附式干燥器工作原理如图 9.11 所示,它有两个填满吸附剂的相同容器。潮湿空气从一个吸附筒的上部流到下部,水分被吸附剂吸收而变得干燥;另一个吸附筒此时接通鼓风机,用加热器产生的热风把饱和的吸附剂中的水分带走并排放入大气,使吸附剂再生。两个吸附筒定期交换工作(5～10 min)使吸附剂吸水和再生,这样可得到连续输出的干燥压缩空气。

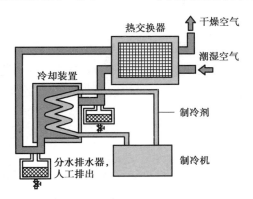

图 9.10　冷冻式空气干燥器工作原理

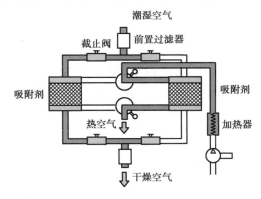

图 9.11　吸附式干燥器工作原理

选择空气干燥器的基本原则如下：

①使用空气干燥器时,必须确定气动系统的露点温度,然后才能确定选用干燥器的类型和使用的吸附剂等。

②决定干燥器的容量时,应注意整个气动系统所需流量大小以及输入压力、输入端的空气温度。

③若用有油润滑的空气压缩机作气压发生装置,要注意压缩空气中混有油粒子,油能黏附于吸附剂的表面,使吸附剂吸附水蒸气能力降低,对于这种情况,应在空气入口处设置除油装置。

④干燥器无自动排水器时,需要定期手动排水,否则一旦混入大量冷凝水后,干燥器的干燥能力会降低,影响压缩空气的质量。

5)过滤器

过滤器的作用是进一步滤除压缩空气中的杂质。常用的过滤器有一次过滤器(也称简易过滤器,滤灰效率为50%~70%)和二次过滤器(滤灰效率为70%~99%)。

如图9.12所示为一次过滤器结构图。气流由切线方向进入筒内,在离心力的作用下分离出液滴,然后气体由下而上通过多片钢板、毛毡、硅胶、焦炭、滤网等过滤吸附材料,干燥。

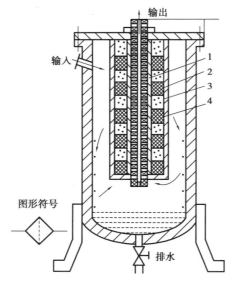

图9.12　一次过滤器结构图

1—φ10 密孔网;2—280 目细钢丝网;3—焦炭;4—硅胶

如图9.13所示为普通分水滤气器结构图。分水滤气器滤灰能力较强,属于二次过滤器。它和减压阀、油雾器一起被称为气动三联件,是气动系统不可缺少的辅助元件。清洁的空气从筒顶输出。

(2)其他辅助元件

1)油雾器

油雾器是一种特殊的注油装置。它以空气为动力,使润滑油雾化后,注入空气流中,并随空气进入需要润滑的部件,达到润滑的目的。

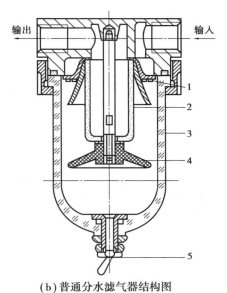

（a）图形符号　　　（b）普通分水滤气器结构图

图 9.13　普通分水滤气器结构图

1—旋风叶子；2—滤芯；3—存水杯；4—挡水板；5—手动排水阀

2）消声器

在气压传动系统中，气缸、气阀等元件工作时，排气速度较高，气体急剧膨胀，会产生刺耳的噪声，噪声的强弱随排气的速度、排量和空气通道的形状而变化。

消声器就是通过阻尼或增加排气面积来降低排气速度和功率，从而降低噪声。

气动元件使用的消声器一般有 3 种类型，即吸收型消声器、膨胀干涉型消声器和膨胀干涉吸收型消声器，常用的是吸收型消声器。

3）管道连接件

管道连接件包括管子和各种管接头。有了管子和各种管接头，才能把气动控制元件、气动执行元件以及辅助元件等连接成一个完整的气动控制系统。在实际应用中，管道连接件是不可缺少的。

管子可分为硬管和软管两种。在一些固定不动的、不需要经常装拆的地方，使用硬管。连接运动部件和临时使用、希望装拆方便的管路应使用软管。硬管有铁管、铜管、黄铜管、紫铜管和硬塑料管等；软管有塑料管、尼龙管、橡胶管、金属编织塑料管以及挠性金属导管等。常用的是紫铜管和尼龙管。

9.3　气动执行元件

气动系统常用的执行元件为气缸和气动马达。气缸用于实现直线往复运动，输出力和直线位移。气动马达用于实现连续回转运动，输出力矩和角位移。

9.3.1 气缸

(1)气缸的分类

气缸主要由缸筒、活塞杆、前后端盖及密封件等组成,如图 9.14 所示为普通气缸结构图和图形符号。

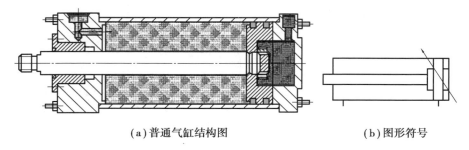

(a)普通气缸结构图　　　　　　　　　　(b)图形符号

图 9.14　普通气缸结构图和图形符号

气缸的种类很多,分类的方法也不同,一般可按压缩空气作用在活塞端面上的方向、结构特征和安装形式来分类。按结构可将气缸分为如图 9.15 所示的几类。

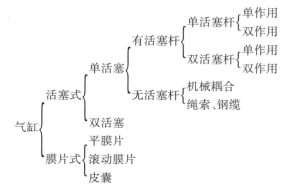

图 9.15　气缸按结构分类

大多数气缸的工作原理与液压缸相同,以下介绍几种具有特殊用途的气缸。

1)气液阻尼缸

普通气缸工作时,由于气体的压缩性,当外部载荷变化较大时,会产生"爬行"或"自走"现象,使气缸的工作不稳定。为了使气缸运动平稳,普遍采用气液阻尼缸。

2)薄膜式气缸

薄膜式气缸是一种利用膜片在压缩空气作用下产生变形来推动活塞杆做直线运动的气缸。如图 9.16 所示为气缸工作原理图。它可以是单作用的,也可以是双作用的。

薄膜式气缸与活塞式气缸相比较,具有结构紧凑、简单,成本低,维修方便,寿命长和效率高等优点。但由于膜片的变形量有限,其行程较短,一般不超过 50 mm,且气缸活塞上的输出力随行程的加大而减小,因此它的应用范围受到一定限制,适用于气动夹具、自动调节阀及短行程工作场合。

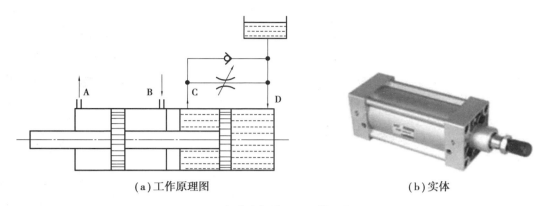

（a）工作原理图　　　　　　　　　（b）实体

图 9.16　串联式气液阻尼缸的工作原理图

（2）气缸的使用

气缸在使用时应注意以下几点：

①要使用清洁干燥的压缩空气，连接前配管内应充分清洗；安装耳环式或耳轴式气缸时，应保证气缸的摆动和负载的摆动在一个水平面内，应避免在活塞杆上施加横向负载和偏心负载。

②根据工作任务的要求，选择气缸的结构形式、安装方式并确定活塞杆的推力和拉力。

③一般不使用满行程，其行程余量为 30 ~ 100 mm。

④气缸工作推荐速度为 0.5 ~ 1 m/s，工作压力为 0.4 ~ 0.6 MPa，环境温度为 50 ~ 60 ℃。

⑤气缸运行到终端运动能量不能完全被吸收时，应设计缓冲回路或增设缓冲机构。

9.3.2　气动马达

气动马达是将压缩空气的压力能转换成旋转的机械能的装置。气动马达有叶片式、活塞式、齿轮式等多种类型，在气压传动中使用较广泛的是叶片式和活塞式马达。

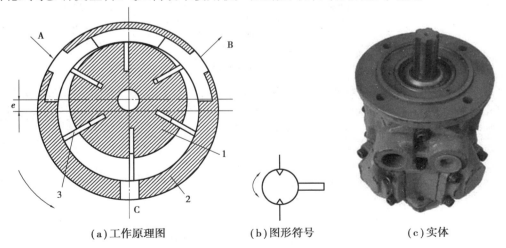

（a）工作原理图　　　　（b）图形符号　　　　（c）实体

图 9.17　叶片式气动马达工作原理图

1—转子;2—定子;3—叶片

如图 9.17 所示为叶片式气动马达工作原理图。叶片式气动马达一般有 3 ~ 10 个叶片，它们可以在转子的径向槽内活动。转子和输出轴固连在一起,装入偏心的定子中。压缩空气从 A 口进入定子腔内,一部分进入叶片底部,将叶片推出,使叶片在气压推力和离心力综合作用下,抵在定子内壁上;另一部分进入密封工作腔作用在叶片的外伸部分,产生力矩。由于叶片外伸面积不等,转子受到不平衡力矩而逆时针旋转。做功后的气体由定子孔 C 排出,剩余气体经孔 B 排出。改变压缩空气输入进气孔(B 进气),马达则反向旋转。

9.4　气动控制元件

气动控制元件是在气动系统中控制气流的压力、流量、方向和发送信号的元件,利用它们可以组成具有特定功能的控制回路,使气动执行元件或控制系统能够实现规定程序并正常工作。气动控制元件的功用、工作原理等和液压控制元件相似,仅在结构上有差异。本节主要介绍各种气动控制元件的结构和工作原理。

9.4.1　方向控制阀

气动方向控制阀和液压方向控制阀相似,按其作用特点可分为单向型和换向型两种,其阀芯结构主要有截止式和滑阀式。

(1)单向型

单向型控制阀包括单向阀、或门型梭阀、与门型梭阀和快速排气阀。

1)或门型梭阀

在气压传动系统中,当两个通路 P_1 和 P_2 均与另一通路 A 相通,而不允许 P_1 与 P_2 相通时,就要用或门型梭阀,如图 9.18 所示。

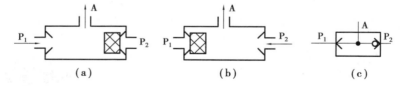

图 9.18　或门型梭阀

如图 9.18(a)所示,当 P_1 进气时,将阀芯推向右边,通路 P_2 被关闭,于是气流从 P_1 进入通路 A。反之,气流则从 P_2 进入 A,如图 9.18(b)所示。当 P_1,P_2 同时进气时,哪端压力高,A 就与哪端相通,另一端就自动关闭。如图 9.18(c)所示为该阀的图形符号。

2)与门型梭阀(双压阀)

与门型梭阀又称双压阀,该阀只有当两个输入口 P_1,P_2 同时进气时,A 口才能输出。如图 9.19 所示为与门型梭阀。

3)快速排气阀

快速排气阀又称快排阀,它是为加快气缸运动作快速排气用的。如图 9.20 所示为膜片式快速排气阀。

在弹簧及 P 腔压力作用下,阀芯位于上端,阀处于排气状态,A 与 O 相通,P 不通。当输入控制信号 K 时,如图 9.20(b)所示,主阀芯下移,打开阀口使 A 与 P 相通,O 不通。

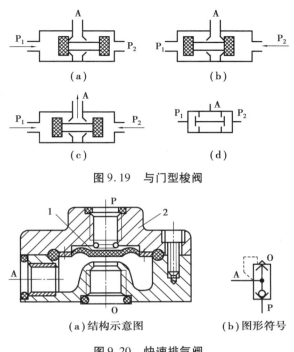

图9.19 与门型梭阀

图9.20 快速排气阀

1—膜片;2—阀体

(2)换向阀

1)电磁控制换向阀

直动式电磁换向阀利用电磁力直接推动阀杆(阀芯)换向,根据操纵线圈的数目——单线圈或双线圈,可分为单电控和双电控两种。如图9.21所示为单电控直动式电磁阀工作原理图。电磁线圈未通电时,P,A断开,A,T相通;通电时,电磁力通过阀杆推动阀芯向下移动时,使P,A接通,T与P断开。这种阀阀芯的移动靠电磁铁,复位靠弹簧,换向冲击较大,一般制成小型阀。若将阀中的复位弹簧改成电磁铁,就成为双电控直动式电磁阀。

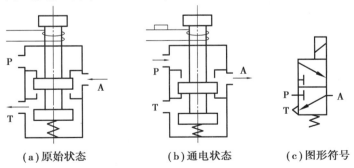

(a)原始状态　　　　(b)通电状态　　　(c)图形符号

图9.21 单电控直动式电磁阀工作原理图

2)手动控制换向阀

如图9.22所示为推拉式手动阀的工作原理和结构图。如用手压下阀芯,如图9.22(a)所示,则P与A,B与T_2相通。手放开,而阀依靠定位装置保持状态不变。当用手将阀芯拉出时,如图9.22(b)所示,则P与B,A与T_1相通,气路改变,并能维持该状态不变。

159

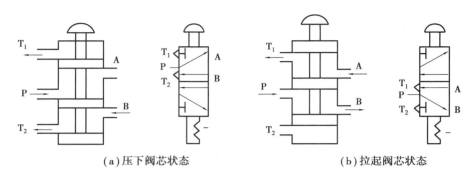

(a)压下阀芯状态   (b)拉起阀芯状态

图9.22　推拉式手动阀的工作原理和结构图

3)机械控制换向阀

机械控制换向阀又称行程阀,多用于行程程序控制,作为信号阀使用。常依靠凸轮、挡块或其他机械外力推动阀芯,使阀换向。

如图9.23所示为机械控制换向阀的一种结构形式。当机械凸轮或挡块直接与滚轮1接触后,通过杠杆2使阀芯5换向。其优点是减少了顶杆3所受的侧向力,同时,通过杠杆传力减小了外部的机械压力。

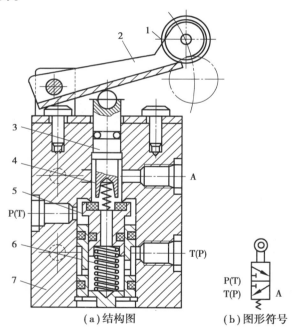

(a)结构图   (b)图形符号

图9.23　机械换向阀结构图

1—滚轮;2—杠杆;3—顶杆;4,6—弹簧;5—阀芯;7—阀体

9.4.2　流量控制阀

流量控制阀是通过改变阀的通流面积来调节压缩空气的流量,进而控制气缸的运动速度、换向阀的切换时间和气动信号的传递速度的气动控制元件。流量控制阀包括节流阀、单向节流阀、排气节流阀等。

（1）节流阀

如图 9.24 所示为圆柱斜切型节流阀的结构图。压缩空气由 P 口进入，经过节流后，由 A 口流出。旋转阀芯螺杆可改变节流口的开度大小。这种节流阀的结构简单，体积小，应用范围较广。

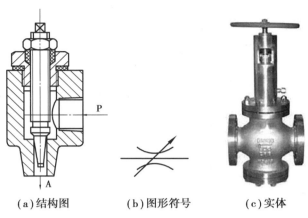

（a）结构图　　　　　（b）图形符号　　　　（c）实体

图 9.24　节流阀结构图

（2）流量阀的使用

气动执行器的速度控制有进口节流和出口节流两种方式。出口节流由于背压作用，比进口节流速度稳定，动作可靠。只有少数场合才采用进口节流来控制气动执行器的速度，如气缸推举重物等。用流量控制气缸的速度比较平稳，因空气具有可压缩性，故气压控制比液压困难，一般气缸的运动速度不得低于 30 mm/s。

在气缸的速度控制中，若能充分注意以下各点，则在多数场合可以达到目的：

①彻底防止管路中的气体泄漏，包括各元件连接处的泄漏。

②要注意减小气缸运动的摩擦阻力，以保持气缸运动的平衡。

③加在气缸活塞杆上的载荷必须稳定。若载荷在行程中途有变化，其速度控制相当困难，甚至不可能。在不能消除变化的情况下，必须借助液压传动。

④流量控制阀应尽量靠近气缸等执行器安装。

9.4.3　压力控制阀

气动压力控制阀主要有减压阀、溢流阀和顺序阀。

（1）减压阀（调压阀）

如图 9.25 所示为减压阀结构图。减压阀的作用是将较高的输入压力调整到系统需要的低于输入压力的调定压力，并能保持输出压力稳定，不受输出空气流量变化和气源压力波动的影响。

（2）安全阀（溢流阀）

当储气罐或回路中压力超过某调定值时，要用安全阀向外放气，安全阀在系统中起过载保护作用。

如图 9.26 所示为安全阀工作原理图。当系统中气体压力在调定范围内时，作用在活塞 3 上的压力小于弹簧 2 的力，活塞处于关闭状态，如图 9.26（a）所示。当系统压力升高，作用在活塞3上的压力大于弹簧的预定压力时,活塞3向上移动,阀门开启排气,如图9.26(b)所示。直到系统压力降到调定范围内,活塞又重新关闭。

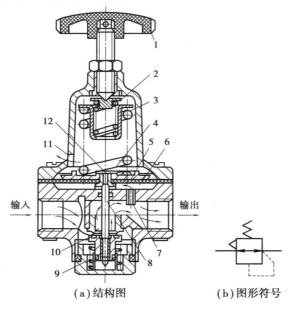

(a)结构图　　　　　　(b)图形符号

图9.25　直动式减压阀结构

1—旋钮;2,3—弹簧;4—溢流阀座;5—膜片;6—膜片气室;7—阻尼管;
8—阀芯;9—复位弹簧;10—进气阀口;11—排气孔;12—溢流孔

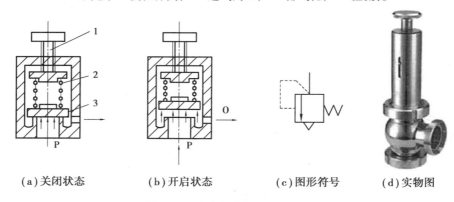

(a)关闭状态　　　(b)开启状态　　　(c)图形符号　　　(d)实物图

图9.26　安全阀的工作原理图

1—旋钮;2—弹簧;3—活塞

(3)顺序阀

顺序阀是依靠气压系统中压力的变化来控制气动回路中各执行元件按顺序动作的压力阀。其工作原理与液压顺序阀基本相同,顺序阀常与单向阀组合成单向顺序阀。如图9.27所示为单向顺序阀的工作原理图。当压缩空气由P口输入时,单向阀4在压差力及弹簧力的作用下处于关闭状态,作用在活塞3输入侧的空气压力超过压缩弹簧2的预紧时,活塞被顶起,顺序阀打开,压缩空气由A口输出,如图9.27(a)所示;当压缩空气反向流动时,输入侧变成排气口,输出侧变成进气口,其进气压力将顶起单向阀,由O口排气,如图9.27(b)所示。调节手柄1就可改变单向顺序阀的开启压力,以便在不同的开启压力下,控制执行元件的顺序动作。

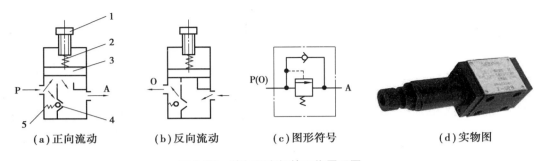

（a）正向流动   （b）反向流动   （c）图形符号   （d）实物图

图9.27 单向顺序阀的工作原理图

1—手柄;2—压缩弹簧;3—活塞;4—单向阀;5—小弹簧

9.4.4 逻辑控制阀

气动逻辑元件是以压缩空气为工作介质,在气压控制信号作用下,通过元件内部的可动部件(阀芯、膜片)来改变气流方向,实现一定逻辑功能的气体控制元件。逻辑元件也称为开关元件。气动逻辑元件具有气流通径较大、抗污染能力强、结构简单、成本低、工作寿命长、响应速度慢等特点。

（1）气动逻辑元件的分类

①按工作压力分,可分为高压元件(工作压力为0.2~0.8 MPa)、低压元件(工作压力为0.02~0.2 MPa)和微压元件(工作压力在0.02 MPa以下)3种。

②按结构形式分,可分为截止式、膜片式和滑阀式等类型。

③按逻辑功能分,可分为或门元件、与门元件、非门元件、或非元件、与非元件和双稳元件等。

气动逻辑元件之间的不同组合可完成不同的逻辑功能。

（2）高压截止式逻辑元件

高压截止式逻辑元件是依靠气压控制信号推动阀芯或通过膜片变形推动阀芯动作,来改变气流的方向,以实现一定逻辑功能的逻辑元件。这类阀的特点是行程小、流量大、工作压力高,对气源净化要求低,便于实现集成安装和集中控制,拆卸方便。

1）或门

如图9.28所示为或门元件的工作原理图。图中A,B为信号的输入口,S为信号的输出口。当仅A有信号输入时,阀芯a下移封住信号口B,气流经S输出;当仅B有信号输入时,阀芯a上移封住信号口A,S也有输出。只要A,B中任何一个有信号输入或同时都有输入信号,就会使得S有输出。

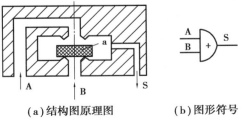

（a）结构图原理图   （b）图形符号

图9.28 或门元件的结构原理图与图形符号

2）是门和与门

如图 9.29 所示为是门和与门元件的工作原理图。图中 A 为信号的输入口,S 为信号的输出口,中间口接气源 P 时为是门元件。当 A 口无输入信号时,在弹簧及气源压力作用下使阀芯 2 上移,封住输出口 S 与 P 口通道,使输出 S 与排气口相通,S 无输出;当 A 有输入信号时,膜片 1 在输入信号作用下将阀芯 2 推动下移,封住输出口 S 与排气口通道,P 与 S 相通,S 有输出,即 A 端无输入信号时,则 S 端无信号输出;A 端有输入信号时,S 端就会有信号输出。元件的输入和输出信号之间始终保持相同的状态。若将中间口不接气源而换接另一输入信号 B,则称为与门元件,即只有当 A,B 同时有输入信号时,S 才能有输出。

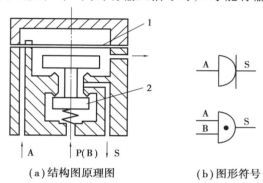

(a)结构图原理图　　　(b)图形符号

图 9.29　是门和与门元件的结构原理图与图形符号

1—膜片;2—阀芯

（3）非门与禁门

如图 9.30 所示为非门和禁门元件工作原理图。A 为信号的输入端,S 为信号的输出端,中间孔接气源 P 时为非门元件。当 A 端无输入信号时,阀芯 3 在 P 口气源压力作用下紧压在上阀座上,使 P 与 S 相通,S 端有信号输出;当 A 端有信号输入时,膜片变形并推动阀杆,使阀芯 3 下移,关断气源 P 与输出端 S 的通道,则 S 无信号输出,即当有信号 A 输入时,S 无输出;当无信号 A 输入时,则 S 有输出。活塞 1 用来显示输出的有无。

若把中间孔改作另一信号的输入口 B,则成为禁门元件。当 A,B 均有输入信号时,阀杆和阀芯 3 在 A 输入信号作用下封住 B 口,S 无输出;在 A 无输入信号而 B 有输入信号时,S 有输出。信号 A 的输入对信号 B 的输入起"禁止"作用。

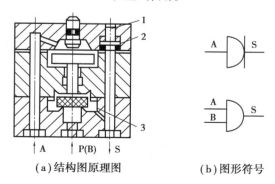

(a)结构图原理图　　　(b)图形符号

图 9.30　非门与禁门元件的结构原理图与图形符号

1—活塞;2—膜片;3—阀芯

（4）或非元件

如图9.31所示为或非元件的工作原理图。它是在非门元件的基础上增加两个信号输入端,即具有A,B,C 3个输入信号,中间孔P接气源,S为信号输出端。当3个输入端均无信号输入时,阀芯在气源压力作用下上移,使P与S接通,S有输出。当3个信号端中任一个有输入信号,相应的膜片在输入信号压力作用下,都会使阀芯下移,切断P与S的通道,S无信号输出。或非元件是一种多功能逻辑元件,用它可以组成与门、是门、或门、非门、双稳等逻辑功能元件。

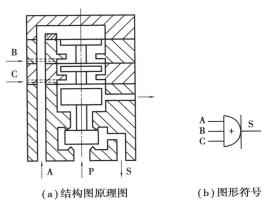

（a）结构图原理图　　　　（b）图形符号

图9.31 或非元件结构原理图

（5）双稳元件

双稳元件具有记忆功能,在逻辑回路中起着重要的作用。如图9.32所示为双稳元件的工作原理图。双稳元件有两个控制口A,B,有两个工作口S_1,S_2。当A口有控制信号输入时,阀芯带动滑块向右移动,接通P与S_1口之间的通道,S_1口有输出,而S_2口与排气孔相通,此时,双稳元件处于置"1"状态,在B口控制信号到来之前,虽然A口信号消失,但阀芯仍保持在右端位置,使S_1口总有输出。当B口有控制信号输入时,阀芯带动滑块向左移动,接通P与S_2口之间的通道,S_2口有输出,而S_1口与排气孔相通。此时,双稳元件处于置"0"状态,在B口信号消失,而A口信号到来之前,阀芯仍会保持在左端位置。双稳元件具有记忆功能,即$1BS=KA$,$2AS=KB$。在使用中应避免向双稳元件的两个输入端同时输入信号,否则双稳元件将处于不确定工作状态。

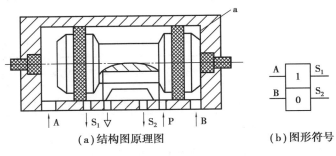

（a）结构图原理图　　　　（b）图形符号

图9.32 双稳元件的结构原理图

9.5 料仓自动取料装置气动系统设计

根据项目要求,料仓自动取料装置如图9.33所示,其工作原理是通过气缸A的运动实现从料仓中取出物料,通过气缸B的运动把物料推下滑槽,使物料自动进入包装箱中。该装置通过气缸行程端点的4个磁性开关S1—S4对物料位置进行检测,用PLC对其进行动作控制。

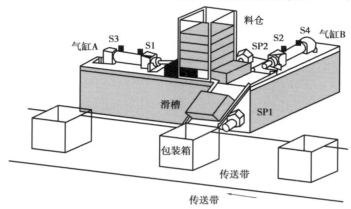

图9.33 料仓自动取料装置结构原理图

(1)料仓自动取料装置控制要求

其控制要求如下:按下系统的启动按钮,当光电传感器SP1检测到包装箱运送到位后,气缸A伸出,将工件从料仓底部推出。当磁性开关S1检测到缸A伸出到位后,气缸B才能伸出将工件推入输送滑槽,工件完成自动装箱。当磁性开关S2检测到气缸B伸出到位延时5 s后,气缸A退回,磁性开关S3检测到气缸A退回后,气缸B才能退回,从而完成一次工件取料输送。当磁性开关S4检测到气缸B退回到位延时10 s后,才允许气缸再次伸出。依次重复上述工作过程。当按下停止按钮时,整个系统停止工作。包装箱由步进电机带动传送带进行传送。料仓底部装有光电传感器SP2检测是否还有工件,当无物料时,传感器发出信号,程序控制系统停止工作。

(2)料仓自动取料装置控制流程

根据上述控制过程,整个工作过程由PLC进行程序控制,其工作流程图如图9.34所示。

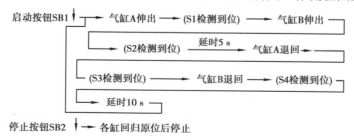

图9.34 料仓自动取料装置工作流程图

(3)料仓自动取料装置气动系统原理

料仓自动取料装置控制过程分析,其气动系统原理如图9.35所示,系统的气源1将采用静音空气压缩机,额定输出气压1 MPa,额定流量116 L/min。系统的执行元件就是上文提及的两个单杆双作用气缸A和气缸B,其主控阀为二位五通气控换向阀7和8,阀7的控制气流由二位三通电磁换向阀3和4交替控制切换,阀8的控制气流由二位三通电磁换向阀5和6交替控制切换。阀3—6的电磁铁1YA—4YA通断电的信号源是两只气缸行程端点的4个磁性开关S1—S4。单向节流阀9和10用于气缸A和气缸B伸出时的进气节流调速。系统工作时,当磁性开关检测到气缸所处的位置时会将信号送给PLC,由程序控制电磁阀的通断电使电磁阀控制气控换向阀换向,就可以控制两气缸的伸缩运动顺序来完成取料装箱的过程。

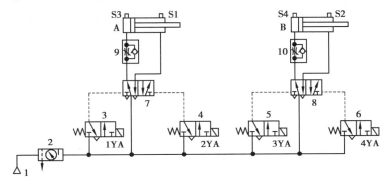

图9.35 料仓自动取料装置气动系统原理图
1—气源;2—气动三联件;3,4,5,6—二位三通电磁换向阀;7,8—二位五通气控换向阀;
9,10—单向节流阀;A,B—气缸;S1—S4—磁性开关

(4)PLC电控系统

根据取料装置的输入信号(两个控制按钮、两个光电传感器和4个磁性开关等共8个)和输出信号(4个电磁换向阀和1个步进电机),电控系统采用FX2N—48MR型PLC,其I/O地址分配见表9.2,PLC硬件接线如图9.36所示。采用步进梯形指令STL编写的顺序动作程序如图9.37所示,STL指令的操作元件为编号S0—S499的状态寄存器,其中S0—S9用于初始步。当转换条件满足时,STL指令将下一步程序的状态寄存器置位,而上一步序的状态寄存器自动复位。

表9.2 料仓自动取料装置气动系统PLC的I/O地址分配表

序号	输入信号			输出信号		
	功能	名称	地址代号	功能	名称	地址代号
1	启动按钮	SB1	X0	气缸A伸出	1YA	Y0
2	停止按钮	SB2	X1	气缸A缩回	2YA	Y1
3	气缸A伸出到位	S1	X2	气缸B伸出	3YA	Y2
4	气缸A缩回到位	S3	X3	气缸B缩回	4YA	Y3
5	气缸B伸出到位	S2	X4	步进电机M1旋转	5YA	Y4
6	气缸B缩回到位	S4	X5			

续表

序号	输入信号			输出信号		
	功能	名称	地址代号	功能	名称	地址代号
7	包装箱运送到位	SP1	X6			
8	料仓无物料	SP2	X7			

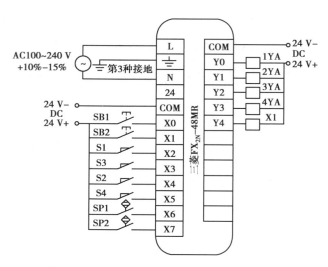

图9.36 料仓自动取料装置PLC硬件接线图

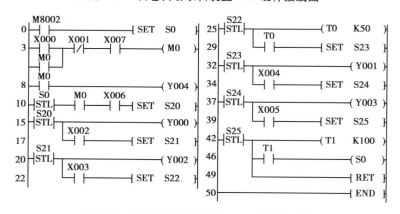

图9.37 料仓自动取料装置PLC系统控制程序

（5）系统技术特点

①料仓自动取料气动装置采用气压传动和PLC控制,实现了取料自动化,动作准确可靠。

②气动系统的气控主阀的导阀采用磁性开关作为信号源的电磁换向阀,动作快捷,有利于采用PLC对系统进行自动控制。

③气缸伸出运动通过节流阀进气节流调速,因气缸排气无背压,故运动平稳性不及排气节流调速。

 **课后练习题**

问答题

9.1 请分析空气压缩机的工作原理。

9.2 常用的气动三联件是指哪些元件？有什么安装要求？如果不按要求安装,会出现什么问题？

9.3 气动方向控制阀有哪些类型？分别画出其图形符号。

9.4 试用1个三位四通双电控换向阀、1个气动顺序阀、两个双作用气缸组成一个顺序动作回路。

9.5 简述如图9.38所示换向回路的工作原理及梭阀的作用。

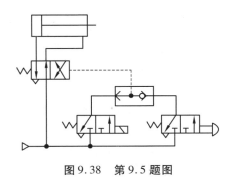

图9.38 第9.5题图

 **实战训练**

实训9.1 单作用气缸的换向回路安装与调试运行

(1)实训目的

①通过气管连接、安装,掌握元件原理机能。

②通过实验掌握气缸的直接控制回路。

(2)实训条件

三联件、常闭式按钮阀、带压力表的减压阀、单作用气缸及气管等。

(3)操作步骤

①根据单作用气缸的气动回路图,使用气管先从空气压缩机的出气口连接到三联件进气口(P口),三联件由排水过滤器、减压阀、油雾器组成。气管由三联件的出口(A口)连接到按钮阀的进气口(P口),再从按钮阀的(A口)连接到带表的减压阀的进气口(P口),减压阀的(A口)连接到气缸。

②按如图9.39所示将回路连接起来后,打开气源,开始实训。

a.按下常闭式按钮,压缩空气从按钮阀进气口(P口)经过按钮阀到达出气口(A口),并克服气缸活塞复位弹簧的阻力,使活塞杆伸出。

b.松开按钮,按钮阀中的复位弹簧使阀回到初始位置,气缸活塞缩回,压缩空气从按钮阀(R口)排放。

c.减压阀上的压力表有压力显示。

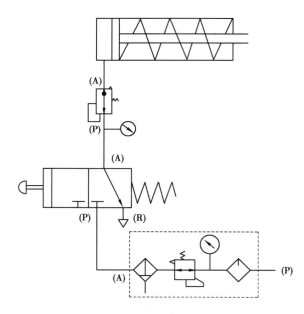

图 9.39　实训 9.1 气动回路图

(4) 实训考核表

表 9.3　实训考核表

班级		姓名		组别		日期	
实训名称							
任务要求	1. 认识单作用气缸的换向回路元件及了解相应元件的作用						
	2. 能分析单作用气缸的换向回路工作原理						
	3. 会运用所学知识完成气动回路的调试运行						
思考题	1. 实训现象						

操作	现象	故障原因分析
按下按钮		
松开按钮		

2. 请尝试分析单作用气缸的换向回路安装与调试运行工作原理

续表

	序号	考核内容	分值	评分标准	得分
考核评价	1	能完成单作用气缸的换向回路安装	40	操作规范,操作正确	
	2	能完成气动回路的调试	30	调试成功	
	3	安全文明操作	10	遵守安全操作规范,无事故发生	
	4	团队协作	10	与他人合作有效	
	5	"7S"素养	10	实训平台干净整洁、元件分类摆放	
总分					

实训 9.2　双作用气缸的速度控制回路安装与调试运行

(1)实训目的

①通过气管连接、安装,掌握元件原理机能。

②通过实训掌握气缸的速度控制回路。

(2)实训条件

如图 9.40 所示,三联件 1 套、常闭式按钮阀 2 个、带压力表的减压阀 1 个、双作用气缸 1 个、单向节流阀 2 个、双气控二位五通阀 1 个、三通 2 个及气管等。

(3)操作步骤

①根据双作用气缸的速度气动回路图,使用气管从空气压缩机的出气口连接到三联件进气口(P 口),三联件由排水过滤器、减压阀、油雾器组成。气管由三联件的出口(A 口)经两个三通分 3 路:第一路连接到按钮阀 1 的进气口(P 口),再从按钮阀 1 的 A 口连接到二位五通阀(Z 口)的进气口进气;第二路连接到二位五通阀的 P 口;第三路连接到按钮阀 2 的 P 口,再从按钮阀 2 的 A 口连接到减压阀的 P 口,从减压阀的 A 口连接到二位五通阀的 Y 口。然后从二位五通阀的 A 口连接调节单向阀 1 的 P 口,单向调节阀 1 的 A 口连接到气缸(A 口);从二位五通阀的 B 口连接到单向节流阀 2 的 P 口,从单向节流阀 2 的 A 口到气缸的 B 口。

②图中装了两只单向节流阀,目的是对活塞向两个方向运动时的气进行节流,而气流是通过单向节流阀里的节流阀供给活塞,调节阀的旋钮可以调节气的大小,以控制活塞杆的运动速度。

③按图所示将回路连接起来后,打开气源,开始实训。

a.按下按钮阀 1 调节单向节流阀 1 的大小,单向节流阀 1 调得越大,活塞伸出速度越快;调得越小,活塞伸出速度越慢。

b.松开按钮阀 1,压缩空气从按钮阀 R 排气。

c.按下按钮阀 2 调节单向节流阀 2 的大小,单向节流阀 2 调得越大,活塞缩回速度越快;调得越小,活塞速度越慢。

d.松开按钮阀 2,压缩空气从按钮阀 R 排气。

e.操作过程中减压阀上的压力表有压力显示。

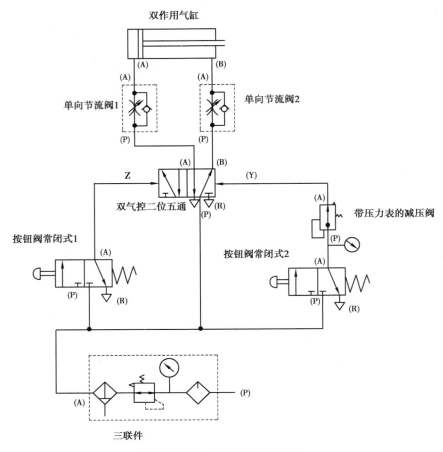

图 9.40　实训 9.2 气动回路图

(4)实训考核表

表 9.4　实训考核表

班级		姓名		组别		日期	
实训名称							
任务要求	1. 认识双作用气缸的速度控制回路元件及了解相应元件的作用						
	2. 能分析双作用气缸的速度控制回路工作原理						
	3. 会运用所学知识完成气动回路的调试运行						

<table>
<tr><td rowspan="6">思考题</td><td colspan="4">1. 实训现象</td></tr>
<tr><td>操作</td><td>现象</td><td colspan="2">故障原因分析</td></tr>
<tr><td>按下按钮阀1</td><td></td><td colspan="2"></td></tr>
<tr><td>松开按钮阀1</td><td></td><td colspan="2"></td></tr>
<tr><td>按下按钮阀2</td><td></td><td colspan="2"></td></tr>
<tr><td>松开按钮阀2</td><td></td><td colspan="2"></td></tr>
<tr><td></td><td colspan="4">2. 请尝试分析双作用气缸的速度控制回路工作原理

</td></tr>
<tr><td rowspan="7">考核评价</td><td>序号</td><td>考核内容</td><td>分值</td><td>评分标准</td><td>得分</td></tr>
<tr><td>1</td><td>能完成双作用气缸的速度控制回路安装</td><td>40</td><td>操作规范,操作正确</td><td></td></tr>
<tr><td>2</td><td>能完成气动回路的调试</td><td>30</td><td>调试成功</td><td></td></tr>
<tr><td>3</td><td>安全文明操作</td><td>10</td><td>遵守安全操作规范,无事故发生</td><td></td></tr>
<tr><td>4</td><td>团队协作</td><td>10</td><td>与他人合作有效</td><td></td></tr>
<tr><td>5</td><td>"7S"素养</td><td>10</td><td>实训平台干净整洁、元件分类摆放</td><td></td></tr>
<tr><td colspan="4">总分</td><td></td></tr>
</table>

实训9.3　双作用气缸的连续往复换向回路安装与调试运行

(1)实训目的

①通过气管连接、安装,掌握元件原理机能。

②通过实训掌握采用二位五通阀的连续往复控制回路。

(2)实训条件

三联件1套、双作用气缸1个、双电控二位五通阀1个、行程开关两个、单向节流阀两个及气管等。

(3)操作步骤

根据图9.41所示二位五通阀的连续往复控制回路气动回路图,使用气管先从空气压缩机的出气口连接到三联件进气口(P口),三联件由排水过滤器、减压阀、油雾器组成,气管由三联件的出口(A 口)连接到二位五通阀的 P 口,再从二位五通阀的 A 口连接到单向节流阀 1 的 P 口,再从单向节流阀 1 的 A 口连接到双作用气缸的 A 口;从二位五通阀的 B 口连接到单向节流阀 2 的 P 口,再从单向节流阀 2 的 A 口连接到双作用气缸的 B 口。

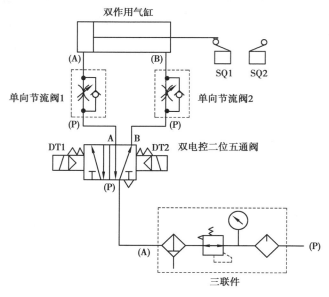

图 9.41　实训 9.3 二位五通阀的连续往复控制回路气动回路图

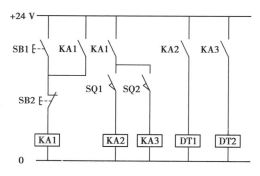

图 9.42　电气接线图

气路和电路(图 9.42)连接完毕后,按以下步骤操作:

①按下启动按钮 SB1,气缸活塞连续往复伸出和缩回,直到按下停止按钮 SB2 后,气缸活塞才会停止动作。

②如果是在气缸活塞伸出或缩回的途中按下停止按钮 SB2,气缸活塞在伸出或缩回到终端位置后停止动作。为了增加行程开关的触点以进行联锁及减少行程开关的电流负载以延长使用寿命,在电路中增加了继电器 KA2 和 KA3。

③调节单向节流阀可以调节活塞伸出缩回的速度快慢。

④操作过程中减压阀上的压力表有压力显示。

（4）实训考核表

表9.5　实训考核表

班级		姓名		组别		日期	
实训名称	双作用气缸的连续往复换向回路安装与调试运行						
任务要求	1.认识双作用气缸的连续往复换向回路元件及了解相应元件的作用						
	2.能分析双作用气缸的连续往复换向回路工作原理						
	3.会运用所学知识完成气动回路的调试运行						

思考题

1.实训现象

操作	现象	故障原因分析
启动按钮 SB1		
按下停止按钮 SB2		
调节单向节流阀		

2.请尝试分析双作用气缸的连续往复换向回路运行工作原理

考核评价	序号	考核内容	分值	评分标准	得分
	1	能完成双作用气缸的连续往复换向回路安装	40	操作规范,操作正确	
	2	能完成气动回路的调试	30	调试成功	
	3	安全文明操作	10	遵守安全操作规范,无事故发生	
	4	团队协作	10	与他人合作有效	
	5	"7S"素养	10	实训平台干净整洁、元件分类摆放	
总分					

实训9.4　双缸多往复电—气联合控制回路安装与调试运行

（1）实训目的

①通过气管连接、安装,掌握元件原理机能。

②通过实训掌握双缸多往复电—气联合控制回路。

（2）**实训条件**

三联件 1 套、双作用气缸 2 个、单向节流阀 4 个、单电控二位五通阀 2 个、行程开关 4 个、三通 2 个及气管等。

（3）**操作步骤**

①如图 9.42 所示，首先从空气压缩机的出气口连接到三联件进气口 P 口，三联件由排水过滤器、减压阀、油雾器组成。

本实训分为 A，B 两组，气路分为两路：第一路气管由三联件的出口 A 口用三通连接到 B 组单电控二位五通阀的进口 P 口，再从 B 组单电控二位五通阀的 A 口连接到 B 组单向节流阀 1 的 P 口，再从 B 组单向节流阀 1 的 A 口连接到气缸 B 的 A 口，再从 B 组单电控二位五通阀的 B 口连接到 B 组单向节流阀 2 的 P 口，再从 B 组单向节流阀 2 的 A 口连接到气缸 B 的 B 口。第二路由 B 组上的三通连接到 A 组的单电控二位五通阀的进口 P 口，从 A 组单电控二位五通阀的 A 口连接到 A 组单向节流阀 1 的 P 口，再从 A 组单向节流阀 1 的 A 口连接到气缸 A 的 A 口，再从 A 组单电控二位五通阀的 B 口连接到 A 组单向节流阀 2 的 P 口，再从 A 组单向节流阀 2 的 A 口连接到气缸 A 的 B 口。

②气路和电路（图 9.43、图 9.44）连接完毕后，按以下步骤操作：

a. 按下启动按钮 SB1，继电器 KA 的线圈得电，KA 的常开触点闭合，由于行程开关 SQ3 被气缸 B 的活塞杆压住，SQ3 的常开触点是闭合的，因此继电器 KA1 的线圈得电，KA1 的常开触点闭合，使得线圈 DT1 得电，A 组单电控二位五通阀换向，气缸 A 的活塞杆伸出。

b. 当气缸 A 的活塞杆压住行程开关 SQ2 后，SQ2 的常开触点闭合，继电器 KA2 的线圈得电，KA2 的常开触点闭合，使得线圈 DT2 得电，B 组的单电控二位五通阀换向，气缸 B 的活塞杆伸出。

c. 当气缸 B 的活塞杆压着行程开关 SQ4 后，SQ4 的常闭触点断开，继电器 KA1 的线圈失电，KA1 的常开触点断开，使得线圈 DT1 失电，A 组单电控二位五通阀换向，气缸 A 的活塞杆缩回。

d. 当气缸 A 的活塞杆压住行程开关 SQ1 后，SQ1 的常闭触点断开，继电器 KA2 的线圈失电，KA2 的常开触点断开，使得线圈 DT2 失电，B 组单电控二位五通阀换向，气缸 B 的活塞杆缩回。

e. 一个工作周期完成，气缸继续重复以上往返动作，直到按下停止按钮 SB2 为止。

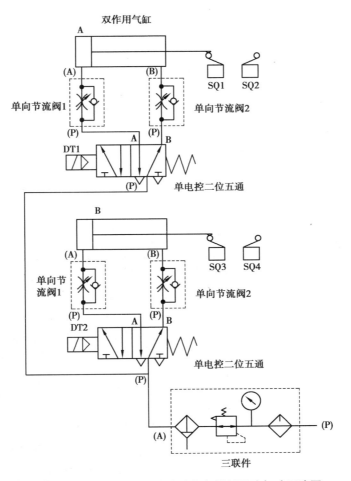

图9.43   二位五通阀的连续往复控制回路气动回路图

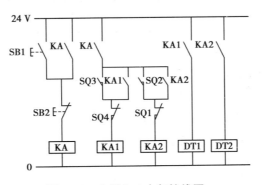

图9.44   实训9.4 电气接线图

（4）实训考核表

表9.6　实训考核表

班级		姓名		组别		日期	
实训名称							
任务要求	1. 认识双缸多往复电—气联合控制回路元件及了解相应元件的作用						
	2. 能分析双缸多往复电—气联合控制回路工作原理						
	3. 会运用所学知识完成气动回路的调试运行						

思考题	1. 实训现象 	操作	现象		故障原因分析		
		启动按钮 SB1					
		按下停止按钮 SB2					
	2. 请尝试分析双缸多往复电—气联合控制回路工作原理						

考核评价	序号	考核内容	分值	评分标准	得分
	1	能完成双作用气缸的速度控制回路安装	40	操作规范，操作正确	
	2	能完成气动回路的调试	30	调试成功	
	3	安全文明操作	10	遵守安全操作规范，无事故发生	
	4	团队协作	10	与他人合作有效	
	5	"7S"素养	10	实训平台干净整洁、元件分类摆放	
		总分			

实训9.5　PLC 控制的连续往返回路安装与调试运行

（1）实训目的
①通过气管连接、安装，掌握元件原理机能。
②通过实训掌握 PLC 控制的连续往返控制回路。
③掌握常见气动回路的调试方法。
④能使用 PLC 完成电气控制。

（2）实训条件
三联件1套、双作用气缸2个、单向节流阀2个、双电控二位五通阀1个、三通2个及气管、PLC 模块等。

（3）操作步骤
①如图9.45 所示，先从空气压缩机的出气口连接到三联件进气口 P 口，三联件由排水过滤器、减压阀、油雾器组成。气管由三联件的出口 A 口连接到双电控二位五通阀的进口 P 口，

再从双电控二位五通阀的 A 口连接到单向节流阀 1 的 P 口,再从单向节流阀 1 的 A 口连接到气缸的 A 口,再从双电控二位五通阀的 B 口连接到单向节流阀 2 的 P 口,再从单向节流阀 2 的 A 口连接到气缸的 B 口。

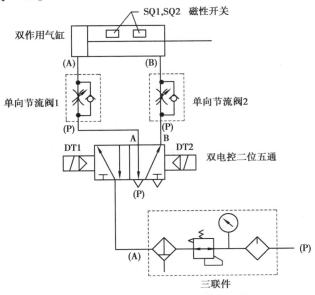

图 9.45　实训 9.5 连续往复控制回路气动回路图

②根据 PLC 电气线路图(图 9.46)完成线路连接。

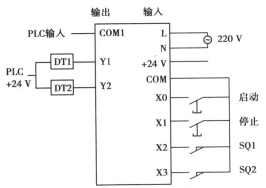

图 9.46　实训 9.6PLC 电气接线图

③使用三菱编程软件 GX-work2 或者 GX-develop 进行 PLC 程序编写,程序如图 9.47 所示,并写入 PLC 中。

④气路和电路连接完毕后,按以下步骤操作:

按下启动按钮,双电控二位五通阀的线圈 DT1 得电,气缸活塞杆开始伸出,活塞杆伸出到位,并且气缸右端的磁性开关检测到信号后,活塞杆开始缩回;当活塞杆缩回到位,并且气缸左端的磁性开关检测到信号后,活塞杆开始伸出。气缸活塞杆做往复运动,直到按下停止按钮 SQ2 气缸活塞停止动作。在伸出缩回过程中,气缸活塞到达终点位置时,磁性开关感应得电,此信号由 PLC 程序进行处理,通过 PLC 的输出控制换向阀的电磁线圈的得电与失电,实现气缸的往返运动。

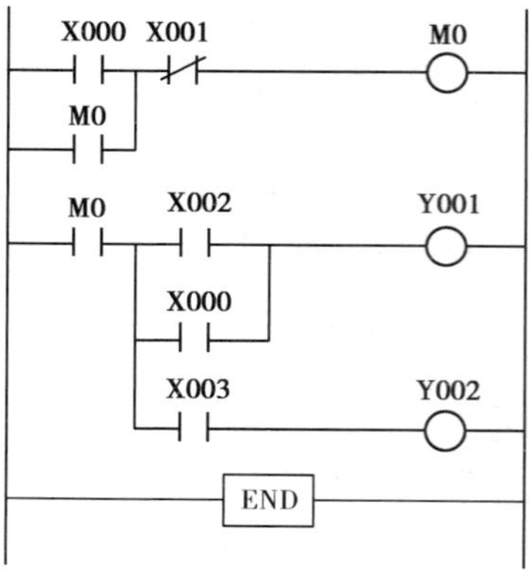

图 9.47 实训 9.6PLC 程序

（4）实训考核表

表 9.7 实训考核表

班级		姓名		组别		日期	
实训名称							
任务要求	1. 认识 PLC 控制的连续往返回路元件及了解相应元件的作用						
	2. 能分析 PLC 控制的连续往返回路工作原理						
	3. 会运用所学知识完成气动回路的调试运行						

思考题

1. 实训现象

操作	现象	故障原因分析
启动按钮 SB1		
按下停止按钮 SB2		

2. 请尝试分析 PLC 控制的连续往返回路工作原理

考核评价

序号	考核内容	分值	评分标准	得分
1	能完成 PLC 控制的连续往返回路安装	20	操作规范,操作正确	
2	完成 PLC 电气回路的连接	20	操作规范,操作正确	
3	PLC 程序写入	10	能正确写入程序	
4	能完成气动回路的调试	20	调试成功	
5	安全文明操作	10	遵守安全操作规范,无事故发生	
6	团队协作	10	与他人合作有效	
7	"7S"素养	10	实训平台干净整洁、元件分类摆放	
	总分			

实训9.6　料仓自动取料装置气动系统分析安装与调试运行

(1)实训目的

①认识料仓自动取料装置气动系统。

②能分析料仓自动取料装置气动系统工作原理。

③会运用所学知识完成气动与电气回路的调试运行。

(2)实训条件

气动元件:三联件1套、二位三通电磁换向阀4个、二位五通气控换向阀2个、单向节流阀2个、双休气缸2个、三通多个及气管等。

电气元件:2个控制按钮、2个光电传感器、4个磁性开关)和输出信号(4个电磁换向阀和1个步进电机)、FX$_{2N}$-48MR型PLC及电线若干。

(3)操作步骤

①料仓自动取料装置气动系统工作过程。料仓自动取料装置(图9.48)控制过程分析,其气动系统原理如图9.49所示,系统的气源1将采用静音空气压缩机,额定输出气压1 MPa,额定流量116 L/min。系统的执行元件就是上文提及的两个单杆双作用气缸A和气缸B,其主控阀为二位五通气控换向阀7和8,阀7的控制气流由二位三通电磁换向阀3和4交替控制切换,阀8的控制气流由二位三通电磁换向阀5和6交替控制切换。阀3—6的电磁铁1YA—4YA通断电的信号源是两只气缸行程端点的4个磁性开关S1—S4。单向节流阀9和10用于气缸A和气缸B伸出时的进气节流调速。系统工作时,当磁性开关检测到气缸所处的位置时会将信号送给PLC,由程序控制电磁阀的通断电使电磁阀控制气控换向阀换向,就可以控制两气缸的伸缩运动顺序来完成取料装箱的过程。

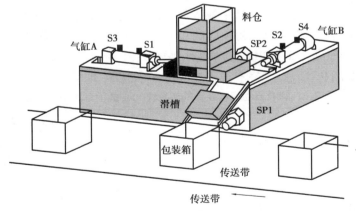

图9.48　料仓自动取料装置结构原理图

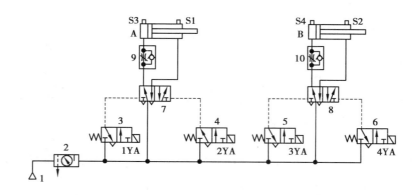

图 9.49　实训 9.7 料仓自动取料装置气动系统原理图

1—气源;2—气动三联件;3,4,5,6—二位三通电磁换向阀;7,8—二位五通气控换向阀;
9,10—单向节流阀;A,B—气缸;S1—S4—磁性开关

②具体控制流程如图 9.50 所示。

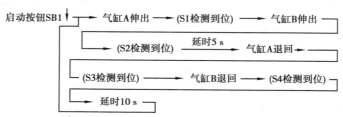

图 9.50　实训 9.7 料仓自动取料装置控制流程图

③PLC 电控系统。根据取料装置的输入信号(2 个控制按钮、2 个光电传感器和 4 个磁性开关等共 8 个)和输出信号(4 个电磁换向阀和 1 个步进电机),电控系统采用 FX2N-48MR 型PLC,其 I/O 地址分配见表 9.8,PLC 硬件接线如图 9.51 所示。采用步进梯形指令 STL 编写的顺序动作程序如图 9.52 所示,完成线路连接与程序编写,并写入。

表 9.8　料仓自动取料装置气动系统 PLC 的 I/O 地址分配表

序号	输入信号			输出信号		
	功能	名称	地址代号	功能	名称	地址代号
1	启动按钮	SB1	X0	气缸 A 伸出	1YA	Y0
2	停止按钮	SB2	X1	气缸 A 缩回	2YA	Y1
3	气缸 A 伸出到位	S1	X2	气缸 B 伸出	3YA	Y2
4	气缸 A 缩回到位	S3	X3	气缸 B 缩回	4YA	Y3
5	气缸 B 伸出到位	S2	X4	步进电机 M1 旋转	5YA	Y4
6	气缸 B 缩回到位	S4	X5			
7	包装箱运送到位	SP1	X6			
8	料仓无物料	SP2	X7			

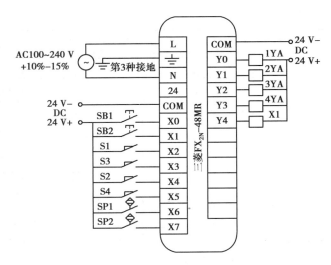

图 9.51 实训 9.7 料仓自动取料装置 PLC 硬件接线图

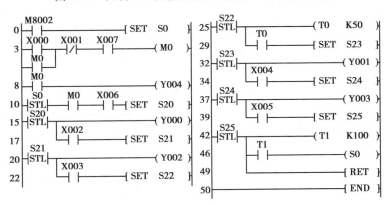

图 9.52 实训 9.7 料仓自动取料装置 PLC 系统控制程序

④根据控制要求完成系统调试与运行。

(4)实训考核表

表 9.9 实训考核表

班级		姓名		组别		日期	
实训名称							
任务要求	1.认识料仓自动取料装置气动系统						
	2.能分析料仓自动取料装置气动系统工作原理						
	3.会运用所学知识完成气动回路与电气回路的调试运行						

续表

班级		姓名		组别		日期	

思考题	实训现象分析：		
	操作	现象	故障原因分析

	序号	考核内容	分值	评分标准	得分
考核评价	1	能完成料仓自动取料装置气动系统分析	20	操作规范,操作正确	
	2	能完成料仓自动取料装置气动系统安装	30	操作规范,操作正确	
	3	能完成料仓自动取料装置气动系统调试	30	调试成功	
	4	团队协作	10	与他人合作有效	
	5	"7S"素养	10	实训平台干净整洁、元件分类摆放	
		总分			

附　录

常用液压图形符号

1.液压泵、液压马达、液压缸、蓄能器(摘自 GB/T 786.1—2009)

名称		符号	名称		符号
液压泵	液压泵		液压马达	液压马达	
	单向定量液压泵			单向定量液压马达	
	双向定量液压泵			双向定量液压马达	
	单向变量液压泵			单向变量液压马达	
	双向变量液压泵			双向变量液压马达	

续表

名称		符号	名称		符号
液压马达	摆动马达		双作用缸	双活塞杆缸（详细符号）	
泵-马达	定量液压泵-马达			双活塞杆缸（简化符号）	
	变量液压泵-马达		蓄能器	蓄能器（一般符号）	
	液压整体式传动装置			气体隔离式	
单作用缸	单活塞杆缸（详细符号）			重锤式	
	单活塞杆缸（简化符号）			弹簧式	
	带弹簧复位单活塞杆缸（详细符号）		压力控制器	增压器（单程作用）	
	带弹簧复位单活塞杆缸（简化符号）			增压器（连续作用）	
	柱塞缸		能量源	液压源（一般符号）	
	伸缩缸			气压源（一般符号）	
压力传感器	气-液转换器（单程作用）			电动机	
	气-液转换器（连续作用）			原动机（电动机除外）	
双作用缸	单活塞杆缸（详细符号）			辅助气瓶	
	单活塞杆缸（简化符号）			气罐	

2. 机械控制装置和控制方法

名称		符号	名称	符号
机械控制件	直线运动的杆（箭头可省略）		机械控制方法	顶杆式	
	旋转运动的轴（箭头可省略）			可变行程控制式	
	定位装置			弹簧控制式	
	锁定装置			滚轮式	
	弹跳机构			单向滚轮式（箭头可省略）	
先导压力控制方法	液压先导加压控制（内部控制）		人力控制方法	人力控制（一般符号）	
	液压先导加压控制（外部控制）			按钮式	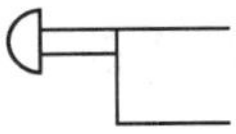
	液压二级先导加压控制			拉钮式	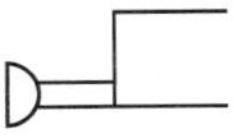
	气-液先导加压控制			按-拉式	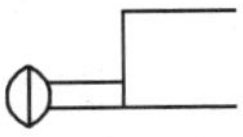
	电-液先导加压控制			手柄式	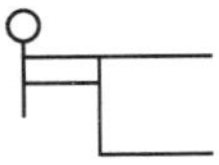
	液压先导卸压控制（内部控制）			单向踏板式	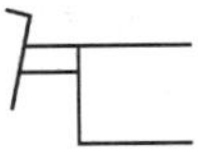
	液压先导卸压控制（外部控制）			双向踏板式	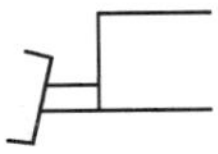
	电-液先导控制		反馈控制方法	反馈控制（一般符号）	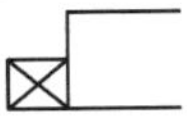
	先导型压力控制阀			电反馈	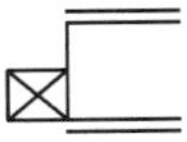
	先导型比例电磁式压力控制阀			内部机械反馈	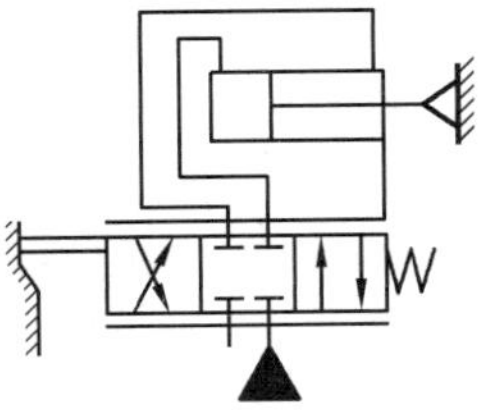

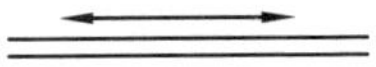

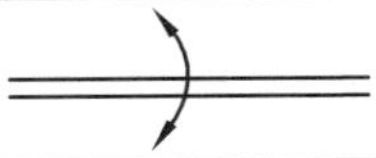

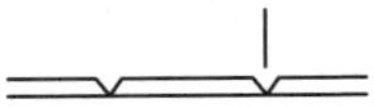

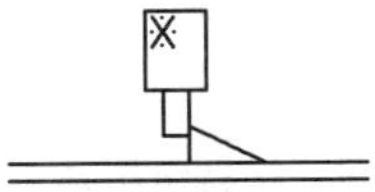

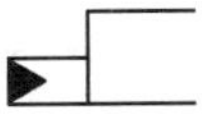

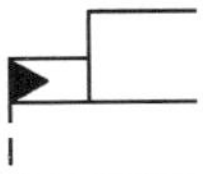

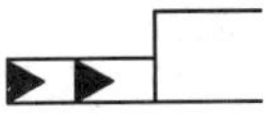

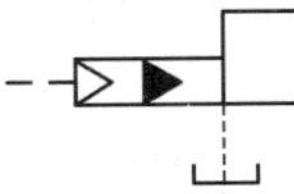

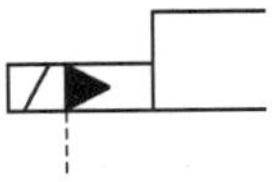

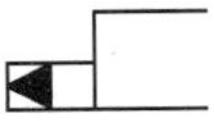

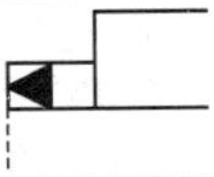

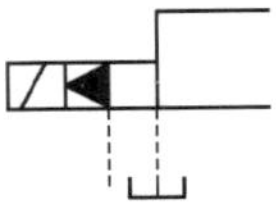

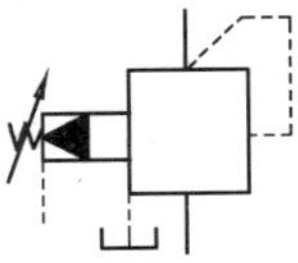

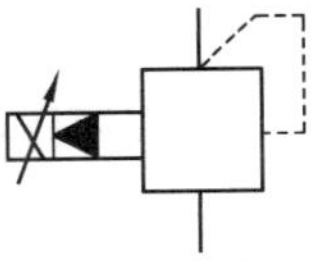

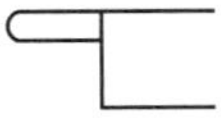

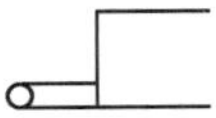

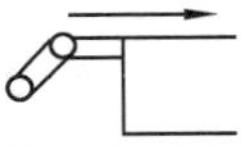

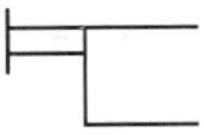

187

续表

名称		符号	名称		符号
电气控制方法	单作用电磁铁		直接压力控制方法	加压或卸压控制	
	双作用电磁铁			差动控制	
	单作用可调电磁操作			内部压力控制	
	双作用可调电磁操作			外部压力控制	
	旋转运动电气控制装置				

3. 压力控制阀

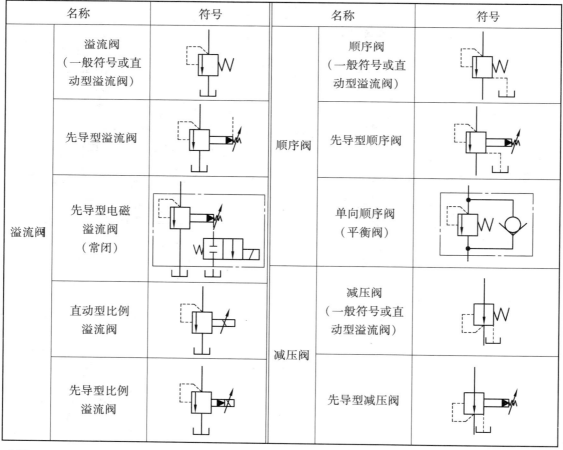

名称		符号	名称		符号
溢流阀	溢流阀（一般符号或直动型溢流阀）		顺序阀	顺序阀（一般符号或直动型溢流阀）	
	先导型溢流阀			先导型顺序阀	
	先导型电磁溢流阀（常闭）			单向顺序阀（平衡阀）	
	直动型比例溢流阀		减压阀	减压阀（一般符号或直动型溢流阀）	
	先导型比例溢流阀			先导型减压阀	

名称		符号	名称	名称	符号
减压阀	溢流减压阀		减压阀	定差减压阀	
	先导型比例电磁式溢流减压阀			卸荷阀	

4. 方向控制阀

名称		符号	名称		符号
单向阀			换向阀	二位五通液动阀	
液控单向阀				二位四通机动阀	
双液控单向阀（双向液压锁）				三位四通电磁阀	
换向阀	二位二通电磁阀（常断）			三位四通电液阀（内控外泄）	
	二位二通电磁阀（常通）			三位五通电磁阀	
	二位三通电磁阀			三位六通手动阀	
	二位三通电磁球阀			三位四通比例阀（中位正遮盖）	
	二位四通电磁阀			四通伺服阀	

5. 流量控制阀

名称		符号	名称	符号
节流阀	可调节流阀（详细符号）		同步阀	集流阀
	可调节流阀（简化符号）			分流集流阀
	不可调节流阀（一般符号）			
	单向节流阀		调速阀	调速阀（详细符号）
	双单向节流阀			调速阀（简化符号）
	截止阀			旁通型调速阀（简化符号）
	滚轮控制节流阀（减速阀）			温度补偿型调速阀（简化符号）
同步阀	分流阀			单向调速阀（简化符号）
	单向分流阀			

6.油箱

名称		符号	名称		符号
通大气式	管端在液面上		油箱	管端在油箱底部	
	管端在液面下（带过滤器）			局部泄油或回油	
				加压油箱或密闭油箱	

7.流体调节器

名称		符号	名称		符号
过滤器	过滤器（一般符号）			空气过滤器	
	带污染指示器的过滤器			温度调节器	
	磁性过滤器		冷却器	冷却器（一般符号）	
	带旁通阀的过滤器			带冷却剂管路的冷却器	

8.检测器、指示器

名称		符号	名称		符号
压力检测器	压力指示器		压力检测器	压力表(计)	

续表

名称		符号	名称		符号
压力检测器	电接点压力表（压力显控器）		流量检测器	流量计	
				累计流量计	
	压差计			检流计（液流指示器）	
温度计			液面计		
转速仪			转矩仪		

9. 其他辅助元器件

名称	符号	名称		符号
压力继电器（详细符号）		放大器		
压力继电器（一般符号）		联轴器	联轴器（一般符号）	
			弹性联轴器	
行程开关（详细符号）		传感器	传感器（一般符号）	
行程开关（一般符号）			压力传感器	
低压开关			温度传感器	

10. 管路、管路连接口和接头

名称		符号	名称		符号
管路	管路(压力管路或回油管路)	——	快换接头	不带单向阀的快换接头	
	连接管路			带单向阀的快换接头	
	控制管路	- - - - - - -	旋转接头	单通路旋转接头	
	交叉管路			三通路旋转接头	
	柔性管路				
	单向放气装置（测压接头）				

参考文献

［1］刘文清.液压与气动技术项目式教程:附微课视频［M］.北京:人民邮电出版社,2018.

［2］徐益清,胡小玲.气压与液压传动控制技术［M］.北京:电子工业出版社,2013.

［3］时彦林,石永亮,孟延军.液压与气压传动［M］.北京:化学工业出版社,2017.

［4］张利平.气动系统典型应用120例［M］.北京:化学工业出版社,2019.

［5］孙名楷.液压与气动技能训练［M］.北京:电子工业出版社,2009.

［6］梅荣娣.气压与液压控制技术基础［M］.3版.北京:电子工业出版社,2011.

［7］张立秀.液压与气动技术［M］.南京:南京大学出版社,2022.

［8］毛好喜.液压与气动技术［M］.北京:人民邮电出版社,2021.

［9］朱丽琴.液压与气动技术［M］.北京:化学工业出版社,2020.

［10］杨广明.液压与气压传动技术［M］.重庆:重庆大学出版社,2020.

［11］滕文建.液压与气压传动［M］.北京:北京大学出版社,2010.

［12］高殿荣.液压与气压传动［M］.北京:化学工业出版社,2018.

［13］吴艳红.液压与气压传动［M］.北京:北京交通大学出版社,2014.

［14］李海涛.液压与气压传动技术［M］.北京:人民邮电出版社,2016.

［15］谢苗,毛君.液压传动［M］.北京:北京理工大学出版社,2016.

［16］姚建均.液压测试技术［M］.北京:化学工业出版社,2018.

［17］迟媛.液压与气动传动［M］.北京:机械工业出版社,2016.

［18］宁辰校.液压与气动技术［M］.北京:化学工业出版社,2017.

［19］张虹.液压与气压传动［M］.北京:电子工业出版社,2016.

［20］陆望龙,陆桦.液压维修1000问［M］.2版.北京:化学工业出版社,2018.